职业教育"十三五"规划课程改革创新教材

冲压模具制造项目教程

范乃连　主　编

冯为民　副主编

梁健强　陆志凌　李　召　参　编

魏　霞　张燕翔　刘大维

吴必尊　主　审

科学出版社

北　京

内 容 简 介

本书是在行业、企业专家和课程开发专家的精心指导下,结合编者多年的实践经验编写而成。本书围绕企业生产实际需要和当前教学改革趋势,坚持以就业为导向,以综合职业能力培养为中心,以"科学、实用、新颖"为编写原则,旨在探索"教学做一体化"的教学模式。

本书包括 4 个项目,分别介绍了冲孔—落料倒装复合模、冲孔—落料连续冲裁模、U 形件弯曲模和落料—拉深复合模等常用的冲压模具的零件加工和装配过程。

本书可作为职业院校模具制造技术专业冲压模具制造与装调实训教材,也可供企业培训和技术人员使用。

图书在版编目(CIP)数据

冲压模具制造项目教程/范乃连主编. —北京:科学出版社,2019.3
(职业教育"十三五"规划课程改革创新教材)
ISBN 978-7-03-060549-8

Ⅰ. ①冲⋯ Ⅱ. ①范⋯ Ⅲ. ①冲模-制模工艺-中等专业学校-教材
Ⅳ. ①TG385.2

中国版本图书馆 CIP 数据核字(2019)第 029797 号

责任编辑:张振华/责任校对:陶丽荣
责任印制:吕春珉/封面设计:东方人华平面设计部

科 学 出 版 社 出版
北京东黄城根北街 16 号
邮政编码:100717
http://www.sciencep.com
新科印刷有限公司 印刷
科学出版社发行 各地新华书店经销
*
2019 年 3 月第 一 版 开本:787×1092 1/16
2019 年 3 月第一次印刷 印张:7 3/4
字数:180 000
定价:29.00 元
(如有印装质量问题,我社负责调换〈新科〉)

销售部电话 010-62136230 编辑部电话 010-62135120-2005(VT03)

前　言

骏马在草原奔驰，练就日行千里之功；雄鹰在长空翱翔，练就飞越河山之术。要掌握制造模具的过硬本领，不在制造模具的环境和实践中反复磨练，怎能练就？

本书就是要引领学生走出理论课堂，走进车间，亲自动手制造冲压模具，并从中学到冲压模具制造的基本知识和职业技能。

本书是根据《国家中长期教育改革和发展规划纲要（2010—2020 年）》《国家教育事业发展"十三五"规划》等相关文件精神，在行业、企业专家和课程开发专家的精心指导下，结合编者多年的实践经验编写而成。全书遵循"基于项目教学""基于工作过程"的职业教育课改理念，以行动为导向，以工作任务为驱动，采用理实一体化的编写模式，突显了职业教育的情景性、职业性和实践性，旨在培养学生的职业能力。本书强调要遵守安全操作规程，使学生在学校养成重视规范操作、安全文明生产和爱护环境等良好职业素质，为学生从学校走向企业工作岗位搭起平稳过渡的桥梁。

本书有 4 个实训项目，分别介绍了冲孔—落料倒装复合模、冲孔—落料连续冲裁模、U 形件弯曲模和落料—拉深复合模常用冲压模具制造的基本知识和常用技能。项目 1 建议为 90 学时，项目 2 建议为 50 学时，项目 3 建议为 30 学时，项目 4 建议为 40 学时。各项目学时可根据学生制定制造工艺能力的高低及学生操作机床的熟练程度适当增减。

本书所列出的常用的典型制造方案不能作为唯一答案和评分标准，要鼓励学生充分发挥创新精神，制定更加合理、切实可行的制造方案。

本书由广州市交通运输高级职业技术学校范乃连担任主编，中国唱片（广州）有限公司冯为民担任副主编，广州市教育研究院吴必尊担任主审。参与编写的人员还有广州市南沙区榄核海铭机械设备厂梁健强，广东能建电力设备有限公司陆志凌，南海信息技术学校李召，扬州技师学院魏霞，广州市交通技师学院张燕翔和大连市轻工业学校刘大维。

由于编者水平有限，疏漏之处在所难免，敬请广大读者和同行批评指正。

编　者

目　录

1 项目

制造冲孔—落料倒装复合模

>>>>>

◎ **学习目标**

　　1. 能根据复合冲裁模具零件图的结构形状、精度要求、表面粗糙度要求及车间实际情况，选择合理的加工方法和加工路线。

　　2. 掌握根据加工余量计算工序尺寸的方法。

　　3. 通过对复合冲裁模具各部分结构的分析和装配精度要求的分析，能制定出合理的装配工艺路线。

　　4. 培养互学互帮的协作精神，养成严格遵守机加工安全操作规程和冲压试模安全操作规程的良好习惯。

◎ **任务描述**

　　制定冲孔—落料倒装复合模（图1-1）中各主要零件（图1-2～图1-9）的加工工艺方案，制定该复合模的装配工艺路线及详细装配工艺过程。

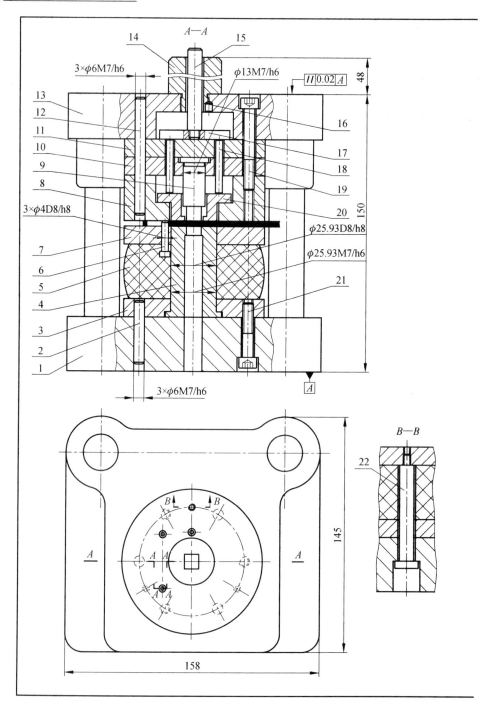

图 1-1 冲孔—落料倒装

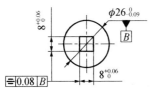

工件图
材料：10钢
要求：制件平整

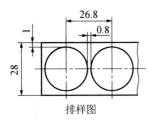

排样图

技术要求
1. 落料凹模和落模凸模之间
   双面间隙$Z \leqslant 0.1$mm。
2. 冲孔凸模和冲孔凹模之间
   双面间隙$Z \leqslant 0.1$mm。

序号	名称	数量	材料	标准	备注
22	卸料螺钉	3	45		M4
21	螺钉	3	35	GB/T 70.1—2008	M6×35
20	推件块	1	45		
19	螺钉	3	35	GB/T 70.1—2008	M6×60
18	推杆	3	45		$\phi5×30$
17	打料块	1	45		$\phi44×7$
16	防转销	1	45		$\phi4×5$
15	打料杆	1	45		
14	模柄	1	45		
13	上模座	1	HT200	GB/T 2855.1—2008	80×80×25
12	销	3	45	GB/T 119.1—2000	6m6×60
11	垫板	1	45		$\phi80×10$
10	冲孔凸模固定板	1	45		$\phi80×10$
9	冲孔凸模	1	CrWMn		HRC58~62
8	落料凹模	1	CrWMn		HRC60~64
7	卸料板	1	45		
6	挡（导）料销	3	45	JB/T 7649.10—2008	$\phi4×16$
5	橡胶	1	聚氨酯橡胶		
4	凸凹模	1	CrWMn		HRC58~62
3	凸凹模固定板	1	45		$\phi80×10$
2	销	3	45	GB/T 119.1—2000	6m6×35
1	下模座	1	HT200	GB/T 2855.2—2008	80×80×30
序号	名称	数量	材料	标准	备注

垫圈的冲孔—落料 倒装复合模		比例	1：1.5	
		重量		
设计		日期		共　张
审核		日期		第　张
班级		学号		

复合模装配图

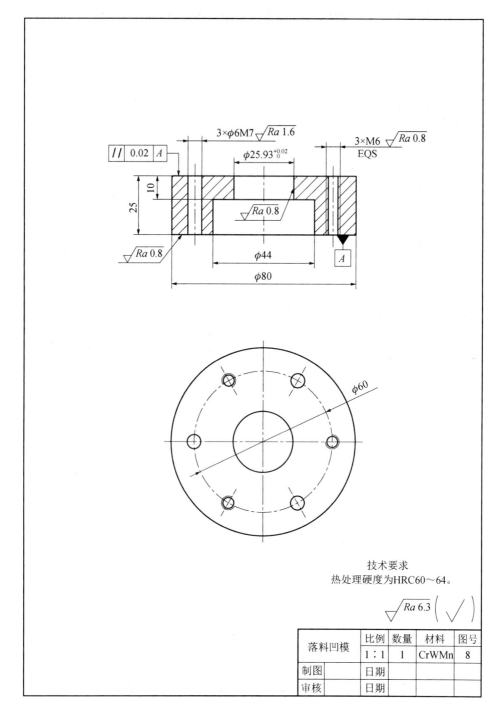

图 1-2 落料凹模零件图

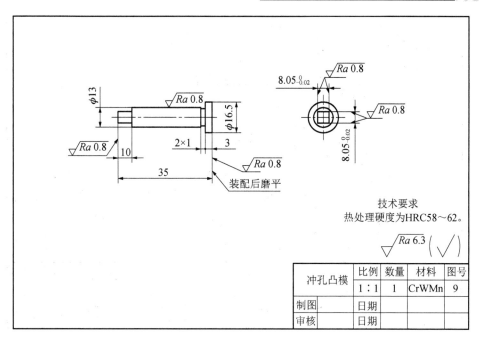

图 1-3　冲孔凸模零件图

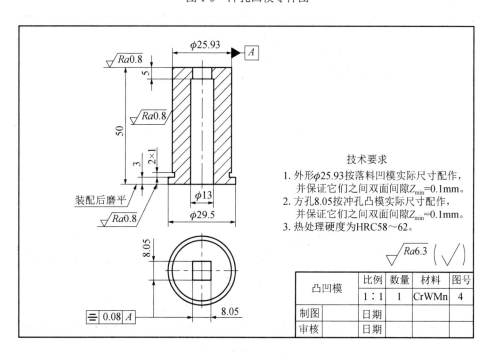

图 1-4　凸凹模零件图

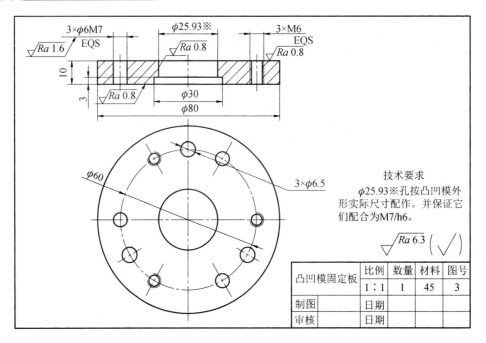

图 1-5 凸凹模固定板零件图

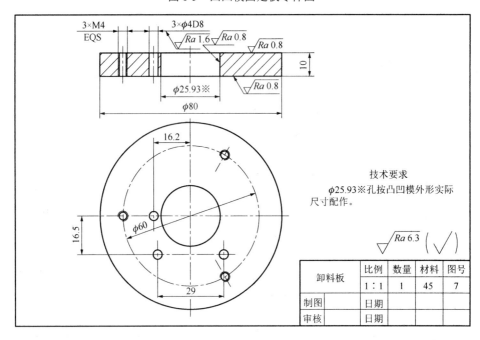

图 1-6 卸料板零件图

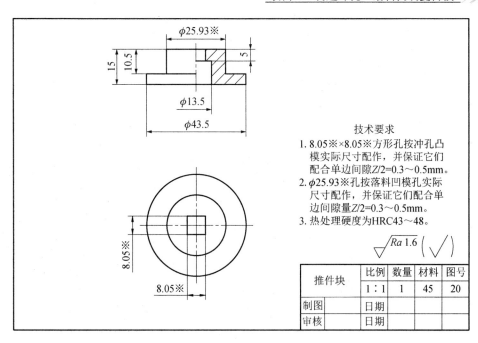

技术要求

1. 8.05※×8.05※方形孔按冲孔凸
   模实际尺寸配作，并保证它们
   配合单边间隙Z/2=0.3～0.5mm。
2. φ25.93※孔按落料凹模孔实际
   尺寸配作，并保证它们配合单
   边间隙量Z/2=0.3～0.5mm。
3. 热处理硬度为HRC43～48。

$\sqrt{Ra\,1.6}\left(\sqrt{}\right)$

推件块	比例	数量	材料	图号
	1：1	1	45	20
制图	日期			
审核	日期			

图1-7 推件块零件图

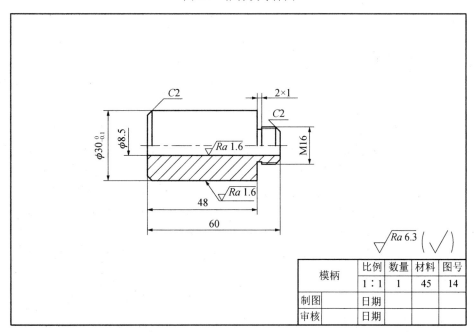

$\sqrt{Ra\,6.3}\left(\sqrt{}\right)$

模柄	比例	数量	材料	图号
	1：1	1	45	14
制图	日期			
审核	日期			

图1-8 模柄零件图

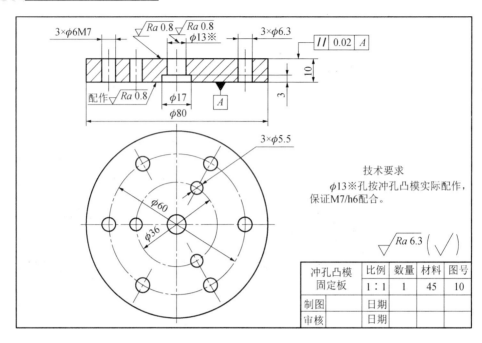

图 1-9　冲孔凸模固定板零件图

一、工艺分析

从图 1-1 可知，落料凹模和冲孔凸模分别与凸凹模的内外形的配合双面间隙 $Z \leqslant 0.1\text{mm}$，这是直接影响冲制件的断面质量和尺寸精度的技术要求。为了达到该配合间隙要求，凸模和凹模的加工采用配作方法。落料凹模型孔的精度是决定冲制件外形尺寸精度的关键因素，且落料凹模型孔是圆孔，所以可采用淬火后磨削内孔的加工方法以达到型孔的尺寸精度；冲孔凸模刃口精度决定冲制件孔的尺寸精度，且冲孔凸模是简单的外方形的，可采用淬火后磨削的加工方法以达到其精度要求；凸凹模是落料凹模和冲孔凸模配合件，且是外圆柱和内方形孔为一体的复杂件，为了保证其内方孔和外圆的同轴度要求，采用淬火后一次装夹法磨削内、外圆，并使其外圆与落料凹模达到小间隙配合要求，然后以圆孔的轴线为基准线切割加工方形孔。最后采用研磨的方法使凸凹模的方形孔与冲孔凸模刃口之间达到小配合间隙要求。

因为该模具为倒装复合模，凸凹模在下模，所以应先把凸凹模安装在下模作为装配基准，再将落料凹模和冲孔凸模安装在上模。为了保证两套冲裁模的凸模和凹模准确对准，在装配上模时，应先调整冲孔的凸模与凹模周边间隙均匀并用工艺定位销使冲孔凸模在上模位置保持不变后，再调整落料的凹模和凸模周边间隙至均匀。

三思而后行

1. 在复合冲裁模中影响制件内外形位置精度的各是哪个模具零件？在机加工该模具零件时，要注意哪两对凸、凹模的配合？它们的配合间隙要求是多少？它们的配合基准各是什么？应该先加工哪个零件？

2. 凸模和凸模固定板孔的配合是什么配合？两者之间哪个为配合基准？

3. 凸凹模和卸料板孔的配合是什么配合？两者之间哪个为配合基准？

4. 装配冲裁复合模时，应先把哪个零件安装固定在模座上作为装配基准？为什么？

5. 能否一起调整复合模两对冲裁模的周边间隙？为什么？如果不能，应如何调整？

二、制定加工路线

图1-1所示复合模的主要零件包括两对凸模和凹模、两个凸模固定板和一个卸料板，在制定它们的加工工艺时，要注意加工先后顺序和它们之间的配合要求。

图1-10为图1-1所示复合模的主要零件的加工工艺路线图，图中虚线上的箭头所指的本工序加工工件是以横短线所指的工序加工出来的工件为配合基准的，虚线旁为它们的配合要求。

（1）落料凹模（图1-2）

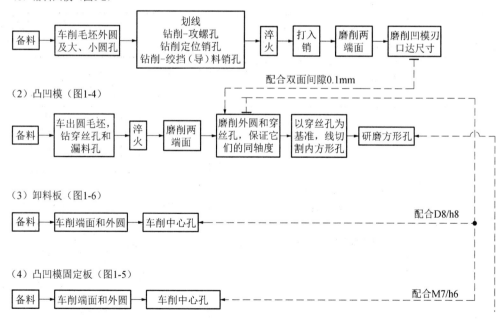

（2）凸凹模（图1-4）

（3）卸料板（图1-6）

（4）凸凹模固定板（图1-5）

图1-10　图1-1所示复合模的主要零件加工工艺路线图

（5）冲孔凸模（图1-3）

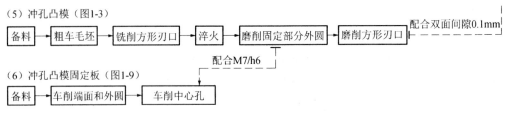

图1-10（续）

三、编制复合模各主要零件的机加工工艺卡

表 1-1～表 1-7 为各主要零件的加工工艺卡，其中工序图中 √ 所指的为本工序的加工面，加工余量可查附表 1。

图 1-2 所示落料凹模加工工艺卡见表 1-1。

表 1-1 落料凹模加工工艺卡

序号	工序名称	工序内容	设备	工序简图
1	备料	锯棒料 ϕ86mm×31mm（两端和直径都留单面车削余量 3mm）	锯床	ϕ86　31
2	车削外圆及内圆	1）夹一头，车削一端面和部分外圆 ϕ80mm 2）掉头装夹，车另一端面和外圆达尺寸 ϕ80mm×25.6mm，轴向留单面磨削余量 0.3mm，车削 ϕ44mm 孔，车削 ϕ25.5mm×10.3mm 孔，径向留单面磨削余量 0.2mm	普通卧式车床	ϕ25.5　10.3　25.6　ϕ44　ϕ80
3	钳工划线钻孔-攻螺纹	1）划出螺孔和定位销孔中心线 2）钻削 3 个 ϕ6mm 塞孔，钻削 3 个螺孔底孔 ϕ5.2mm 3）3 个底孔攻螺纹 M6		3×ϕ6　3×M6　ϕ60

续表

序号	工序名称	工序内容	设备	工序简图
4	热处理	淬火、回火，使硬度达 HRC60～64		
5	配销塞	在 3 个 ϕ10mm 孔内，各打入 45 钢的销塞，使它们配合为小过盈配合（H7/r6），如右图所示		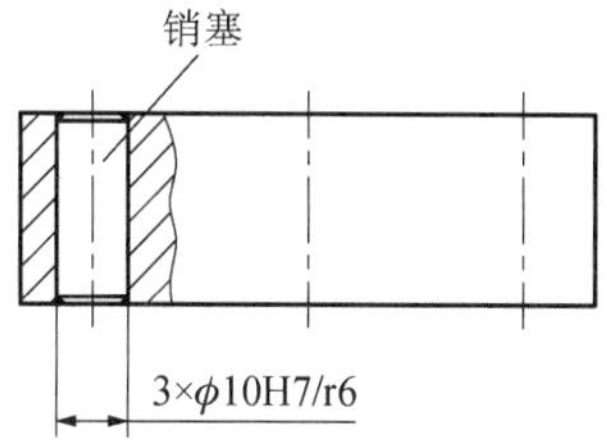
6	磨削端面	磨削两端面	平面磨床	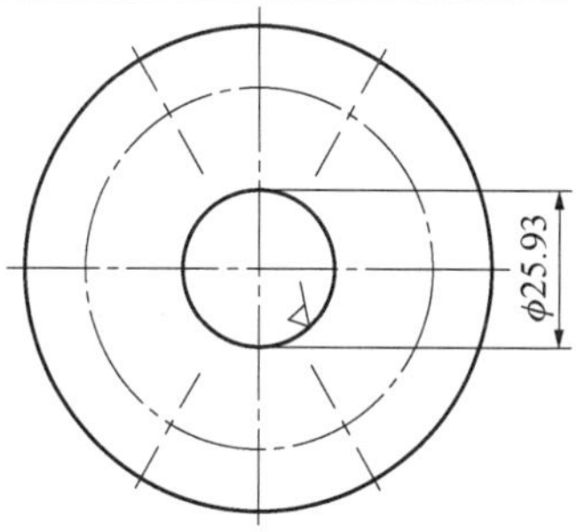
7	磨削内孔	磨削小内孔达尺寸 $\phi25.93^{+0.02}_{0}$ mm	内圆磨床	

图 1-3 所示冲孔凸模加工工艺卡见表 1-2。

表 1-2　冲孔凸模加工工艺卡

序号	工序名称	工序内容	设备	工序简图
1	备料	锯棒料 ϕ22mm×50mm，长度和径向留单面车削余量 2.5mm，夹头留 10mm	锯床	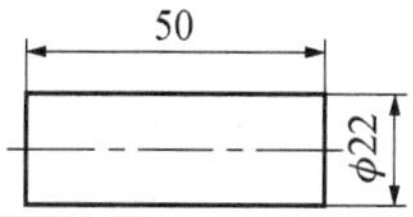
2	车削外圆	1）车削夹头端外圆至 ϕ16.5mm，车削端面 2）掉头夹持夹头，如右图所示，车削外圆至 ϕ13.3mm，留单面磨削余量 0.15mm，车削退刀槽 2mm×1mm，在夹头和凸模之间车槽 3mm×ϕ4mm	普通卧式车床	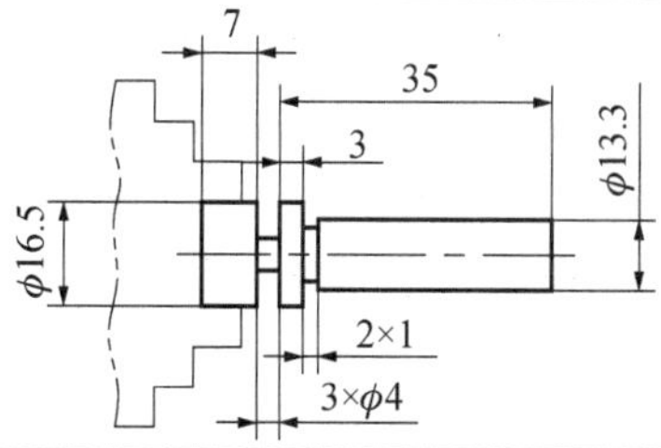
3	铣削方形刃口	铣削前端方形刃口 8.3mm×8.3mm，留单面磨削余量 0.15mm	立式铣床	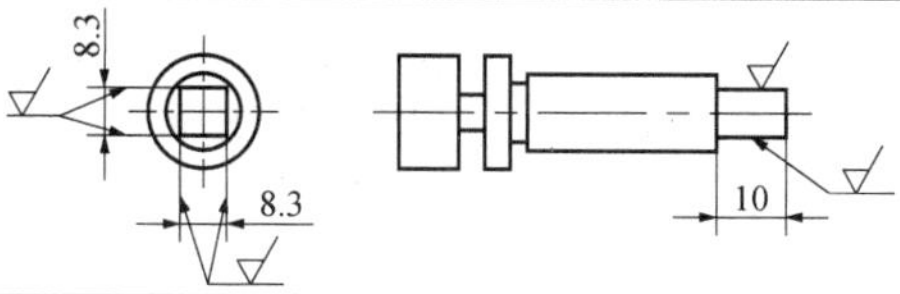
4	热处理	淬火、回火，使硬度达 HRC58～62		

序号	工序名称	工序内容	设备	工序简图
5	磨削外圆	磨削固定部分外圆φ13h6mm	外圆磨床	$\phi13h6$
6	磨削方形侧面	磨削方形工作部分达尺寸	成型磨床	$8.05_{-0.02}^{0}$　$8.05_{-0.02}^{0}$　$\phi13h6$

图 1-4 所示凸凹模加工工艺卡见表 1-3。

表 1-3　凸凹模加工工艺卡

序号	工序名称	工序内容	设备	工序简图
1	备料	锯削圆棒料φ32mm×67mm,轴向和径向都留单面车削余量 3mm	锯床	$\phi32$　67
2	车削	1）车削凸肩一头端面,车削凸肩和夹头达尺寸φ29.5mm,钻削漏料孔φ13mm 2）掉头夹持,车削外圆φ26.3mm,留单面磨削余量 0.2mm,钻穿丝孔φ8mm,车削退刀槽 2mm×1mm,在凸凹模和夹头之间车槽φ15mm×3mm	普通卧式车床	50.4　3.2　φ29.5　φ13　φ8　φ26.3　2×1　3×1　5　8
3	热处理	淬火、回火,使硬度达 HRC58～62		
4	磨削平面	磨削前端面	平面磨床	
5	磨削外圆和孔	夹持夹头磨削外圆φ25.93mm,按落料凹模实际尺寸配作,保证两者的双面配合间隙为 Z_{min}=0.1mm,磨削穿丝孔	外圆磨床	$\phi25.93$

续表

序号	工序名称	工序内容	设备	工序简图
6	电火花线切割	通过电火花线切割碰火花方法找出穿丝孔的中心，以穿丝孔中心为基准，电火花线切割方形孔至 8.03mm×8.03mm，留有单边研磨余量 0.1mm	电火花线切割机床	
7	研磨	研磨方形刃口，保证它与冲孔凸模的双面配合间隙为 $Z_{min}=0.1mm$		

　　图 1-5 所示凸凹模固定板和图 1-6 所示卸料板加工工艺卡见表 1-4。由于上两板外形和厚度相同，内孔形状和尺寸相近，所以可以一起进行车削加工，现把它们的加工工艺编在一起。

表 1-4 凸凹模固定板和卸料板加工工艺卡

序号	工序名称	工序内容	设备	工序简图
1	备料	锯削棒料 ϕ86mm×40mm，轴向和径向留单面车削余量 3mm，夹头留 14mm	锯床	
2	车削	1）夹持一头，车削夹头的端面和外圆 2）掉头夹持另一头，车削外圆 ϕ80mm 3）车削出前端零件的 ϕ25.93※mm 的孔与凸凹模外圆实际尺寸配合，保证它们配合单面间隙为 0.2mm，然后车出卸料板零件厚 10.6mm，留单面磨削余量 0.3mm 4）车平余下料的右端面，车削凸肩孔 ϕ30mm×3.3mm，接着车削 ϕ25.93※mm 的孔与凸凹模外圆配合为 M7/h6，车出凸凹模固定板厚为 10.6mm，留单面磨削余量 0.3mm	普通卧式车床	

续表

序号	工序名称	工序内容	设备	工序简图
3	磨削端面	把两零件放在平面磨床工作台一起磨削两端面	平面磨床	

图 1-9 所示冲孔凸模固定板加工工艺卡见表 1-5。

表 1-5　冲孔凸模固定板加工工艺卡

序号	工序名称	工序内容	设备	工序简图
1	备料	锯削棒料 ϕ86mm×16mm，留单面车削余量 3mm	锯床	
2	车削外圆和孔	1）车削外圆和端面达尺寸 ϕ80mm×10.6mm，两端留单面磨削余量 0.3mm 2）车削孔 ϕ13mm 和 ϕ8.35mm，保证 ϕ 13mm 孔与冲孔凸模配合为 M7/h6	普通卧式车床	
3	磨削端面	磨削两端面	平面磨床	

图 1-7 所示推件块加工工艺卡见表 1-6。

表 1-6　推件块加工工艺卡

序号	工序名称	工序内容	设备	工序简图
1	备料	锯圆棒料 ϕ50mm×21mm，径向和轴向都留单面车削余量 3mm	锯床	
2	车外圆和内孔	1）车削一端面和 ϕ43.5mm 外圆 2）掉头夹持 ϕ43.5mm 外圆，车削外圆 ϕ26mm 和另一端面，保证外圆与落料凹模孔配合间隙为 0.3～0.5mm，留轴向单面磨削余量 0.3mm 3）车削 ϕ7.5mm 孔和 ϕ13.5mm 孔	普通卧式车床	

续表

序号	工序名称	工序内容	设备	工序简图
3	刨削方形	以 ϕ7.5mm 孔的轴线为基准，划出方形孔 8.05※ mm×8.05※ mm 轮廓线，然后按线刨削加工方形，留压印锉修单面余量 0.2mm	刨床	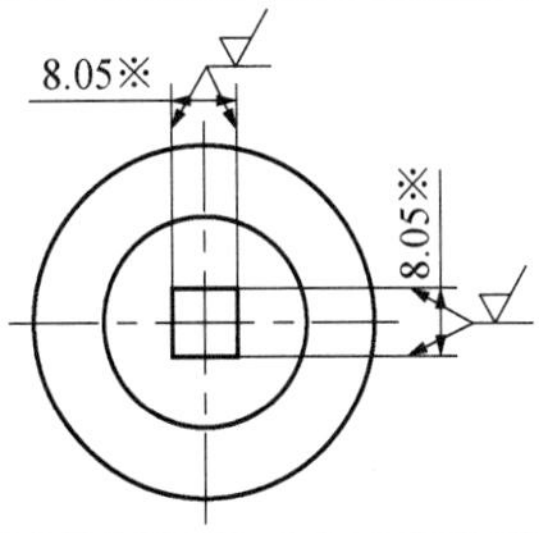
4	压印锉修	用冲孔凸模对方形孔进行压印锉修，保证它们的单面配合间隙为 0.3～0.5mm		
5	磨削两端面	磨削两端面达高度尺寸	平面磨床	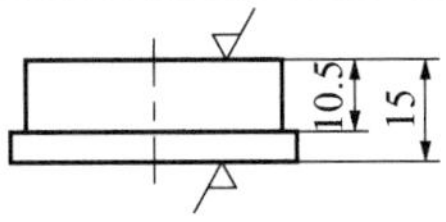

图 1-8 所示模柄加工工艺卡见表 1-7。

表 1-7　模柄加工工艺卡

序号	工序名称	工序内容	设备	工序简图
1	备料	锯棒料 ϕ36mm×66mm，留径向和轴向单面车削余量为 3mm	锯床	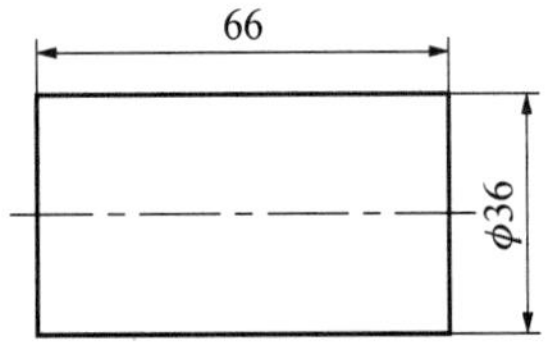
2	车外圆和孔	1）夹持一头，车一端面和外圆 $\phi30_{-0.1}^{\ 0}$ mm 2）掉头夹持，车退刀槽，车螺纹 M16，钻孔 ϕ8.5mm，倒角 C2	普通卧式车床	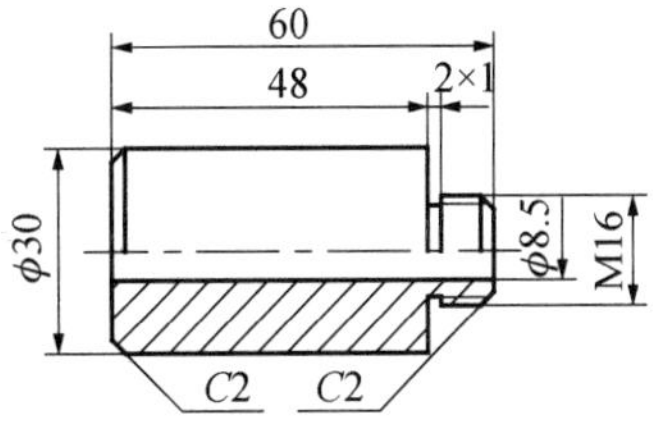

四、拟定复合模装配工艺路线图

模具的主体装配是指凸、凹模安装在上、下模座的过程。装配方法和装配先后顺序决定了上、下模与凸、凹模的装配精度，从而直接影响冲制件的质量。图 1-11 所示是倒装复合冲裁模主体装配工艺路线图。图中方框标注着装配后的零件或组合件的名称，实线横箭头侧边标注着装配工序的名称；虚线垂直箭头所指的装配工序，是以短横线所指零件或组合件为定位或调整基准的。

冲压模具制造项目教程

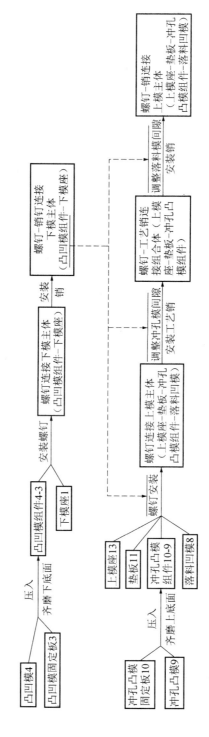

图 1-11 倒装复合冲裁模主体装配工艺路线图

五、拟定复合冲裁模详细装配工艺过程

1. 模具部件组装

01 凸凹模部件组装

步骤 1　把凸凹模 4 的工艺夹头车掉，然后将凸凹模 4 垂直压入凸凹模固定板 3 孔内。

步骤 2　利用平面磨床把凸凹模上端面和固定板上平面一起磨平，如图 1-12 所示。

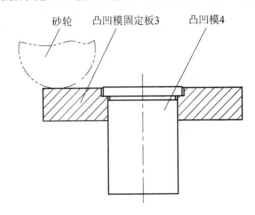

图 1-12　把凸凹模上端面和固定板上平面一起磨平

02 冲孔凸模部件组装

步骤 1　把冲孔凸模 9 的工艺夹头切除。

步骤 2　把冲孔凸模 9 垂直压入冲孔凸模固定板 10 的孔内。

步骤 3　将凸模上端面和固定板上平面一起磨平。

2. 复合模下模装配

步骤 1　把凸凹模组件 4-3 放在下模座 1 上找正后，用平行夹具将它们一起夹紧。配钻 3 个螺孔底孔 ϕ5.2mm。

步骤 2　拆开后，在凸凹模固定板 3 上攻 3 个 M6 螺孔，在下模座扩 3 个 ϕ6.3mm 通螺孔及沉孔。

步骤 3　用 3 个螺钉把凸凹模组件与下模座连接紧固，在凸凹模固定板和下模座配钻、铰 3 个 ϕ6mm 定位销孔；配钻 3 个 ϕ6.5mm 通卸料板螺孔；用稍小于方孔相切圆的直径（ϕ7.5mm）的钻头通过凸凹模中心方孔在下模座引钻出锥窝，以备拆开后钻出废料排泄孔。

步骤 4　把卸料板 7 的圆孔套在已安装在下模座的凸凹模上并找正，用平行夹具把卸料板夹紧在固定板和下模座上，然后把它们倒放，用 ϕ6.5mm 钻头通过已钻的 ϕ6.5mm

孔，在卸料板引钻 3 个锥窝，如图 1-13 所示。

步骤 5 拆开后，在卸料板锥窝钻、攻 3 个 M4 螺孔，在下模座中心的锥窝处钻 ϕ9mm 废料排泄孔和在 3 个 ϕ6.5mm 孔中扩卸料螺钉的沉孔。

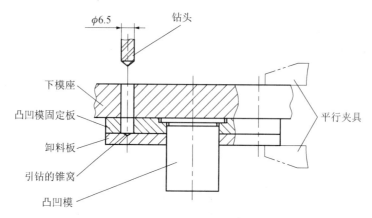

图 1-13 用钻头通过已钻的通卸料螺钉孔在卸料板引钻锥窝

3. 复合模上模装配

步骤 1 用螺钉和定位销把凸凹模组件 4-3 安装固定在下模座上，接着在凸凹模固定板上放置两个等高垫块，再放置落料凹模 8 和冲孔凸模组件 9-10，使两个凸模分别插入凹模 3～5mm，在上面再放置垫板 11，通过导柱-导套导向件放上上模座 13，找正后，用平行夹具把上模 4 板夹紧，如图 1-14 所示。

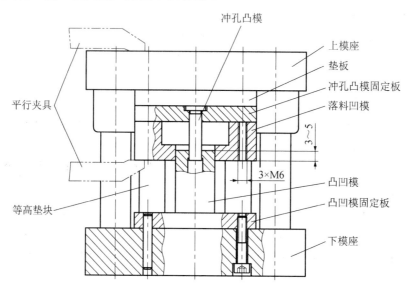

图 1-14 两对凸模分别插入凹模并找正后，用夹具把上模 4 板夹紧

步骤 2 把已夹紧的上模从下模取出，并将其翻转，通过落料凹模的 3 个 M6 螺孔，用 ϕ5.2mm 钻头，在上模其余 3 板引钻螺孔底孔，拆开后，在垫板、冲孔凸模固定板扩 3 个 ϕ6.3mm 通孔，在上模座扩 3 个 ϕ6.3mm 通孔和沉孔。

步骤 3 在下模的凸凹模固定板上放置等高的垫块，并把冲孔凸模插入凸凹模孔 3～5mm，再放上垫板和上模座，用螺钉和螺母把冲孔凸模固定板和垫板压在上模座上（不要太紧），如图 1-15 所示，用透光法调整冲孔凸模和凹模的孔的周边间隙使其均匀后，拧紧螺钉和螺母，在 3 板配钻、铰 2 个 ϕ6mm 工艺定位销孔，打入 2 个工艺定位销，冲孔凸模在上模座的位置就固定了。

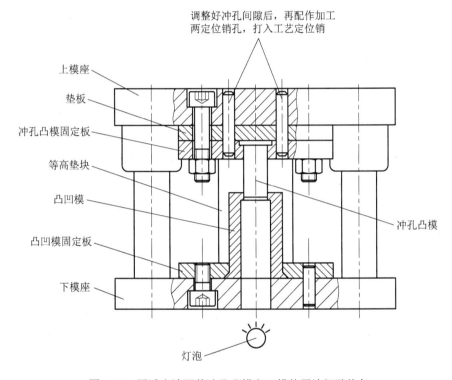

图 1-15 用透光法调整冲孔凸模和凹模的周边间隙均匀

步骤 4 拆开螺钉-螺母连接，保留两个工艺定位销。在下模的凸凹模固定板上重新放置等高垫块，把落料凹模套在已安装在下模座的凸凹模外，然后把工艺定位销连接的上模 3 板，通过导柱导向放在落料凹模上，用螺钉把上模 4 板连接稍紧后，把整个模具翻转，用透光法观察落料凸模和凹模周边间隙，用锤子敲击落料凹模的侧面来调整周边间隙使其均匀。拧紧螺钉，用纸片作冲压材料，敲击上模进行试冲，观察冲裁后纸片来确定间隙分布情况，再稍拧松螺钉连接，敲击落料凹模侧面来微调落料凹模和凸模周边间隙使其均匀后，重新拧紧螺钉，在上模 4 板钻、铰 3 个 ϕ6mm 定位销孔。

步骤 5 在上模座下底面，复划出垫板周边，拆开上模，根据周边划线在上模座找到模柄中心位置，在上模座下底面车 ϕ44mm×13mm 的孔，在上底面钻、攻 M16 螺孔。

步骤6 在垫板和冲孔凸模固定板打入 3 个 ϕ6mm 定位销后，一起配钻 3 个 ϕ6.3mm 推杆通孔。

4. 复合模的总装

步骤1 用螺钉和定位销把凸凹模组件 4-3 安装在下模座 1 上。

步骤2 在凸凹模外套上橡胶 5，在卸料板 7 打入 3 个挡（导）料销 6 后，把卸料板孔套在凸凹模外，用卸料螺钉 22 将卸料板安装在下模座。

步骤3 在落料凹模 8 的中心孔放进推件块 20，在凹模上面放置冲孔凸模组件 10-9 和垫板 11，在凸凹模固定板 3 的孔插放推杆 18，在上模座上面拧入模柄 14，并安装防转销 16，在下面孔放入打料组件 17-15，把上模座 13 放置于垫板 11 上面后，用螺钉和定位销把上模 4 板连接安装。

5. 试模

把厚 1mm 的 10 号钢片放在下模卸料板的上面，并使钢片左边紧靠两挡料销，前端抵住挡料销后，用锤子猛敲上模，使其冲裁出制件，检查制件的尺寸、毛刺等是否达到图 1-1 所示的技术要求。然后把模具安装在压力机上试冲，检查卸料和推件是否顺畅，冲制件是否达到图样质量要求。

做后再思量

1. 在本制造方案中，采用什么措施来保证凸凹模的外圆和方形孔的同轴度？如果冲裁件的外圆和方形孔的同轴度要求较高，在制造模具时，要采用电火花线切割将凸凹模的外圆和方形孔一起切割，这样一来，不但增加了电火花线切割的工作量，而且要改变凸凹模固定结构形式来适应线切割加工。想一想，凸凹模应采用哪种固定结构形式？（提示：线切割加工出凸模外侧面为直壁面，所以不能采用凸肩固定式凸模。）

2. 在图 1-1 所示的冲孔-落料倒装复合模冲裁中，冲孔废料由压力机工作台下排出，而冲裁件是从上模落到下模上面，这需要人工清除，才能继续冲压，为了减少手工操作，往往在制件落下处附近安装喷头，利用高压空气将制件吹离下模上平面。而在实际工作中，工人根据小孩子玩滑梯的原理，在压力机的上床身安装了制件的斜面"滑梯"——弹性簧片，使制件一落到斜面，就会滑到模具后面。如图 1-16 所示，弹性簧片是一张薄而有弹性的钢片或磷铜片。请看图讲述弹性簧片将冲裁件排出模外的过程。想一想，此时应选用冲压行程较大的压力机还是较小的压力机？（提示：考虑冲压行程大小与簧片长短的关系。）如果此时冲制件还不足以排出模外，为了能使冲制件完全排离模内，应将可倾压力机的机身相对于底座向哪个方向转动一定角度？

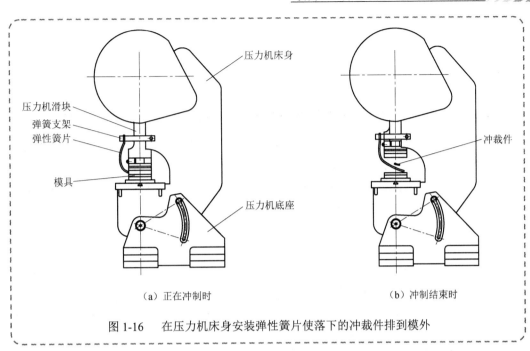

（a）正在冲制时　　　　　　　　　　　（b）冲制结束时

图 1-16　在压力机床身安装弹性簧片使落下的冲裁件排到模外

考核评价

完成制造和安装任务之后，请按表 1-8 对成果进行考核评价，总评成绩可分为 5 个等级，即优、良、中、及格和不及格。

表 1-8　制造冲孔—落料倒装复合模的考核评价表

评价项目	评价内容标准	配分	评价结果		
			自评	组评	教师评
零件加工和模具装配方案的合理性	1）制定的机加工和模具装配方案合理，能保证模具质量，并能结合实习车间的设备实际	20			
	2）制定的工艺方案具有良好的经济效益和可操作性	5			
	3）制定的工艺方案条理清楚，工序尺寸标注完整、合理	5			
模具制造质量（通过检测该模具冲出的制件得出）	1）冲制件内外形尺寸在图样允许的尺寸范围	20			
	2）冲制件冲裁毛刺高度≤0.15mm	10			
	3）冲制件表面粗糙度值≤$Ra3.2\mu m$	10			
完成制造任务的速度和工作态度	1）按时完成机加工和装配任务	10			
	2）操作机床加工和装配的熟练程度	10			
	3）协作精神好	5			
	4）遵守安全操作规程	5			
综合评价	评语（优缺点与改进措施）：	合计			
		总评成绩（等级）			

知识链接

一、在识读冲压模具装配图和模具零件图的基础上，对模具进行制造工艺分析

在制造冲压模具之前，必须先看懂模具装配图和各零件图，了解模具各部分结构的性能、装配关系、各模具零件的结构形状、精度要求、技术条件等情况。然后根据这些情况进行工艺分析，找出主要技术要求和关键技术问题，并结合车间实际设备条件才能制定合理可行的模具制造工艺路线。

1. 识读冲压模具装配图

冲压模具装配图一般有主视图和俯视图，必要时可以加绘局部视图，如图 1-1 所示，右上角画有冲制件的零件图和排样图。

主视图一般画成上、下模全剖视图，模具左右对称时，也可以画成半剖主视图，主视图常画成上模下降到刚进入冲压的封闭状态，还可以画成冲压后，上模上升到最高点的非工作状态。俯视图习惯上画成将上模取走，只画下模的俯视可见部分，模具左右对称时，也可以画成取走一半后的下模视图，另一半仍画上模视图。

读图时，应先读俯视图，了解模具各结构的平面布局情况、模板的轮廓形状、条料的送料和定位方式。然后根据在俯视图上标注的剖切位置，在主视图或局部视图上找出相应剖视图，弄清楚冲压模具的工作部分（凸模和凹模）、条料定位装置、卸料和推件（料）装置的结构和功能，弄清楚零件之间的装配关系和安装连接情况。下面就以图 1-1 为例，介绍如何识读冲压模具的装配图并找出该模具的主要技术要求。

01 找出并识读模具工作部分（凸模和凹模）

凸模和凹模一般在模具中心附近，根据在俯视图中 A—A 剖切的位置，在主视图找到相对应的剖视图。可以看出，有两对冲裁模，其中一对是冲出制件外形的落料模，由落料凹模 8 和凸凹模 4 组成，落料凹模通过用定位销 12 和螺钉 19 安装在上模，凸凹模 4 压入凸凹模固定板 3 后，再通过用销 2 和螺钉 21 安装在下模上；另一对是冲出制件孔的冲孔模，由冲孔凸模 9 和凸凹模 4 的孔组成。冲孔凸模 9 压入冲孔凸模固定板 10 后，再用销 12 和螺钉 19 安装在上模。由技术要求可知，凸凹模双面配合间隙 $Z \leqslant 0.1mm$，因此，该模具主要的技术要求是保证两对凸凹模之间配合间隙及每对凸模和凹模准确对准。

02 找出并识读条料定位装置

导料销一般在凸模或凹模孔的侧旁，挡料销常在凸模或凹模孔正中偏后的位置。根据这些规律，在俯视图找到两个导料销和一个挡料销。根据俯视图中 A—A 剖切的位置，在主视图相应位置看到这三个弹性挡（导）料销 6 的结构情况：它们通过 D8/h8 压入卸料板 7 孔内，由于销的下部有弹性橡胶，当受到上模的凹模 8 向下冲压时，它就缩进卸

料板 7 的孔内，当凹模随上模上升时，它可升出卸料板上平面实现对条料定位。由此可知，该装置的关键技术问题是挡（导）料销能否在卸料板孔内灵活伸缩。

03　找出并识读条料卸料装置

条料卸料装置是卸料板，它是套在落料凸模外的。本模具的卸料板是弹性卸料板 7，它以 D8/h8 的间隙配合套在凸凹模 4 外。当冲裁完毕后上模上升时，卸料板底部橡胶弹力使卸料板上升，而将套在凸凹模的条料向上推出。从 B—B 局部剖视图可看到，卸料板升到的最大高度是受 3 个卸料螺钉 22 所限制的。由此可知，该装置的关键技术问题是卸料板能否沿凸凹模灵活、平稳上升或下降。

04　找出并识读推件（料）装置

推件装置的主要元件是推件块 20，它一般设置在落料凹模孔内。本模具冲裁完毕后，冲制件进入落料凹模 8 的孔内，然后上模上升且上模随压力机滑块上升到接近最高点时，由于横向插入冲床滑块孔内横杆的阻挡作用，打料杆 15、打料块 17、推杆 18、推件块 20 就相对落料凹模 8 向下移动而把冲制件推出凹模孔。由此可知，推件装置的关键技术问题是打料杆 15、打料块 17、推杆 18、推件块 20 能否在孔内上下灵活移动。

推料装置用于把冲孔产生的废料排出模外，它一般设置在冲孔凹模内。本模具推料装置的结构很简单，它是靠冲孔凸模 9 的向下推力，把冲孔废料从凸凹模 4 的扩大孔推出。

05　了解各模板安装在上、下模座的结构情况

绝大部分模具都采用螺钉连接-销定位方式将模板安装在模座上，在俯视图中可看出螺钉和销的整个布局。根据俯视图标注的剖切位置（如本模具的 A—A），在相应主视图或局部剖视图的相应位置就可以看到用螺钉和销将各模板安装在模座的具体结构。

2. 识读模具零件图并对零件进行工艺分析

首先根据零件名称和图号，在模具装配图中找到它所处的位置，弄清楚它在模具中的作用和与其他零件的装配关系。然后看零件图，一般非圆形零件都有两个或两个以上的视图。可根据一个视图所标注的剖切位置，在相应剖视图中看到其内部结构形状，通过其尺寸标注和标题栏上方的技术要求，可了解该零件的主要精度要求、表面粗糙度要求和热处理等技术要求。

二、制定合理的模具零件加工工艺路线

1. 选择适当的模具零件机加工方法和加工路线

在识读模具装配图和零件图且对模具零件进行工艺分析的基础上，可结合车间现有设备的实际情况，选择适当的、切实可行的加工方法和加工工艺路线，在附表 2～附表 4 中分别列出外圆表面、孔表面、平面表面的各种加工方法或加工方案及相应达到的精度和表面粗糙度。在制定零件加工工艺方案时，可根据零件加工面形状、所要求的精度和表面粗糙度及其适用范围，结合车间现有加工设备的情况，选择相应的加工方法或加工路线。

2. 在加工路线的适当位置安插热处理工序

制定加工路线时，要在适当位置安插热处理及辅助工序。例如，退火热处理必须安排在锻造之后，切削加工之前，目的是消除工件因锻打而产生的内应力，并降低其硬度。又如，淬火必须安排在车削、铣削、刨削、钻削等半精加工之后，磨削、研磨、电火花加工等最终的精加工之前。因为如果淬火安排在半精切削加工之前，则零件淬硬后难以切削加工；如果将淬火安排在磨削、研磨、电火花加工后，则会由于淬火所产生工件变形而破坏了最终精加工的精度。

3. 工序尺寸的确定

在制定加工工艺路线时，要确定每个工序加工后要达到的公称尺寸——工序尺寸。工序尺寸是根据每个工序必须留有后续工序的加工余量的原则而计算确定的，即

$$本工序尺寸=后续工序尺寸\pm 双面后续工序加工余量$$

当加工轴类的外表面时式中取"+"，当加工孔类内表面时，则式中取"-"，工序加工余量可查附表 1 而得。

例如，本工序是车削孔，后续工序是磨削孔，要求达到尺寸为 $\phi 40mm \times 25mm$ 的孔，查附表 1 得单面余量为 $0.12 \sim 0.18mm$，如取单面余量 $0.15mm$，则

$$车削孔的工序尺寸（直径）=(40-2\times 0.15)mm = 39.7mm$$

三、凸模和凹模的机加工路线

凸模和凹模是模具的关键工作零件。凸模与凹模刃口之间的间隙对冲裁件的质量有直接影响，为了获得它们的预期尺寸精度和表面质量，必须认真制定详细的加工工艺路线。

1. 圆形冲裁件的凸模和凹模的传统机加工

在传统的模具制造中，模具零件绝大部分的加工是利用车削、铣削（刨削）、磨削等加工工艺完成的。淬火后，圆形凸模和凹模的刃口可采用磨削加工达到最后的精度要求。所以圆形凸模和凹模的加工较容易。圆形凹模的传统加工路线如下：

备料→粗车→划线，钻、攻螺孔，钻、铰销孔→淬火、回火→磨削端面→磨削凹模刃口，达到尺寸要求并保证其与凸模刃口配合达合理间隙。

2. 非圆形冲裁件的凸模和凹模的机加工

在没有电火花等特种加工设备的条件下，非圆形冲裁件的凸模和凹模的刃口只能用铣削和锉削等方法加工出来，然后淬火、回火，最后采用去除量很少的研磨工艺达到最后尺寸精度的要求。凹模的加工路线如下：

备料→锻造→退火→铣（刨）削方形毛坯→磨削上、下（端）面和两垂直侧面→划刃口轮廓线和孔中心线→钻、攻螺孔，钻、铰销孔→粗铣刃口→钳工锉修→淬火、回火→磨上、下两底（端）面→研磨凹模刃口并保证它与凸模的配合达合理间隙。

四、用压印锉修方法配制凸模和凹模刃口

在缺少精密模具加工设备的条件下，为了保证达到凸模和凹模配合的较小合理间隙的要求，最有效的方法是采用钳工压印锉修的方法配制凸模和凹模。

1. 落料冲裁模的凹模和凸模的刃口的压印锉修步骤

步骤 1　按刃口轮廓线锉修凹模（留有 0.02～0.03mm 的研磨余量）。

步骤 2　凹模淬火、回火。

步骤 3　磨削凹模上、下平面及研磨凹模侧面刃口，并使刃口达到要求的尺寸，留作压印凸模的压印基准。

步骤 4　在凸模端面划出刃口轮廓线，然后按划线进行铣削，留单面压印锉修余量 0.10～0.20mm。

步骤 5　如图 1-17 所示，将凸模垂直放置在凹模上平面，并使凸模对正型孔（周边压印余量均匀）。

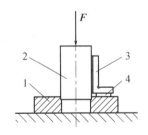

图 1-17　凹模的压印
1—凹模；2—凸模；3—直角尺；4—垫块

步骤 6　对凸模施以压力，使凸模挤入型孔约 0.2mm，取出凸模按印痕锉去余量。用相同方法进行多次压印锉修，直至凸模按要求的配合间隙全部插入凹模型孔内为止。

步骤 7　将凸模淬火，磨两端面及研磨凸模侧面刃口，使它与凹模配合间隙达到要求。

在冲裁模中，形状较复杂的非圆形的两个零件配合精度要求高的配合，一个是凹模和凸模的配合，另一个是凸模和凸模固定板孔的配合，都可以采用压印配制方法使它们的配合达到高的配合精度。

2. 有导向的凸模或凹模刃口的压印锉修

为了保证凸模或凹模刃口与其外形的相对位置精度要求，可通过导向辅助件对凸模或凹模定位导向后进行压印。图 1-18 所示是有导向的冲孔凹模压印示意图，图 1-4 的凸

凹模的外圆$\phi 25.93$mm 与方形孔有同轴度要求，因此在以图 1-3 的冲孔凸模为基准压印凸凹模方形孔时，可采用图 1-18 所示的导向辅助件的小孔$\phi 13$F7 对冲孔凸模固定圆柱部分定位、导向下进行压印。导向辅助件大孔与凸凹模外圆的配合是过渡配合（M7/h6），小孔与冲孔凸模固定部分外圆的配合是间隙配合（F7/h6），辅助件大孔和小孔要求一次装夹条件下车削出，以保证大孔与小孔的同轴度的位置精度。同样，在加工冲孔凸模固定部分外圆和方形刃口时，也要保证达到它们同轴度的位置精度。

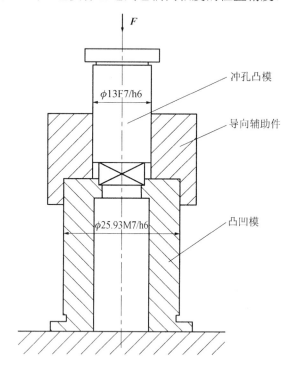

图 1-18　有导向的冲孔凹模压印示意图

五、数控电火花线切割机床加工模具零件的毛坯准备及其应用场合

前面介绍了通过对凸模定位导向压印锉修方法来保证凸凹模的内外形的同轴度。其实，如果凸凹模的内、外形都是圆形，则可一次装夹进行内、外圆车削及磨削加工，从而保证内外形的同轴度要求。但是对于如本例的凸凹模件中有一个或一个以上非圆形表面件的情况，在车床或磨床上只能单一加工圆表面，而无法加工非圆表面，也就是说，这些通用机床不能在一次装夹的统一基准下完成内外形加工，而数控电火花线切割机床具有加工各种复杂的内外形的功能，可实现一次装夹（统一基准）完成零件所有内外形加工。下面介绍数控电火花线切割机床加工模具零件的毛坯准备和应用场合。

1. 线切割加工前的毛坯准备

1）线切割加工之前必须对工件进行淬火，也就是线切割加工前必须完成所有较大切削量的切削加工。

如果把线切割加工安排在淬火之前，则淬火引起的工件变形就会破坏线切割加工的工件精度，所以，为了避免此种情况发生，一般把线切割工序排在淬火、回火工序之后。工件在淬硬后是不能进行刀具切削加工的，所以在线切割加工之前，必须完成所有车削、刨削、锉削、钻削、铰削等切削加工，仅把磨削和研磨放在线切割加工之后。

当凹模型孔较大时，为了减少线切割量，需在毛坯淬火之前将型孔漏料部分铣（车）出，只切割凹模型孔的直壁部分。例如，淬火前，车削图1-4所示的凸凹模的毛坯时，就车削出 ϕ 13mm的漏料孔，仅留厚5mm的部分切割方形孔。当凹模型孔较小时，因其切割量较小，可待线切割后用酸腐蚀法扩大漏料孔。利用酸腐蚀法扩大漏料孔的方法在后面再作介绍。

2）线切割加工的毛坯必须备有精确的定位基准。

在线切割加工前，必须磨削毛坯两底面作为支承定位基准，磨削两垂直侧面作为垂直定位基准。

3）在毛坯留有足够装夹位置时，在毛坯淬硬前加工穿丝孔。

凹模线切割加工前的准备工序如下：

下料→锻造→退火→刨（铣）六面体→磨上、下平面及相邻垂直两侧面→划刃口轮廓线和孔（螺孔、销孔、穿丝孔）的中心线→加工型孔扩大部分（漏料孔）→加工螺孔、销孔、穿丝孔→淬火、回火→磨上、下平面及相邻两垂直侧面。

2. 数控电火花线切割加工的特点和应用的场合

1）电火花可加工各种金属材料的工件，甚至可方便地加工特硬的硬质合金和淬硬钢的工件。特别是能方便地加工淬硬钢工件这一点，对模具制造有很大好处。在传统的模具零件加工中，一般先用切削法加工出凹模型孔或凸模外形，并使它们的刃口达到合理间隙的配合，然后进行淬火。淬火产生的工件内应力会导致凹模型孔和凸模产生变形，致使凸模和凹模的刃口配合间隙扩大，凸模和凹模的配合精度大大降低。而应用电火花加工时，可先把工件毛坯淬硬后再切削加工，这样就可以避免淬火引起的变形影响到工件最终的精加工精度。

2）在传统切削加工中，切削力使刀具与工件之间产生位移。而在电火花线切割加工中，电极丝与工件在加工过程中不接触，两者间的相互作用力很小，因此两者的相对位移极小，因而工件的加工精度极高。而且电火花线切割便于加工小孔、窄缝的零件，而不受电极丝和工件刚度的限制。

3）由于电火花线切割是自动控制加工的，给机床输入控制程序之后，便可全自动加工出复杂形状的工件。

4）电火花线切割不能加工素线为非直线段的旋转体的表面和不通孔。

5）电火花线切割广泛用于加工硬质合金、淬火钢模具零件、样板及各种形状复杂的细小零件和窄缝等。

六、酸腐蚀法扩大凹模漏料孔的工艺过程

酸腐蚀法是将凹模切割型孔的漏料孔部分浸于腐蚀液体中，使浸于液体的表面起腐蚀化学反应后型孔扩大的加工方法，具体过程如下：

步骤 1 把凹模倒置放入盛有热熔的石蜡容器中，侵入凹模型孔的石蜡的深度为凹模型孔直壁高度 h，冷却后，石蜡就把凹模上底面和型孔直壁不应腐蚀部分进行封闭。再在螺孔和销孔中注入热熔石蜡，冷却后，将螺孔和销孔封闭。为了使凹模型孔的下部在放入腐蚀液之后能顺利地排出反应气体，必须在凹模型孔上部的石蜡中心处钻出一个工艺孔，如图 1-19（a）所示。

步骤 2 将凹模翻转过来浸于腐蚀液中，腐蚀液的深度稍高于漏料孔的高度 H，如图 1-19（b）所示。浸蚀时间可根据腐蚀速度和需要腐蚀深度计算出来。常用腐蚀液的配方为硫酸 5%（体积分数，后同）、硝酸 20%、盐酸 5%、水 70%，腐蚀速度为 0.08～0.12mm/min。

步骤 3 取出凹模，在清水内清洗后吹干，再将凹模加热，熔去孔中的石蜡。

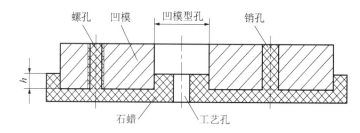

（a）腐蚀前用石蜡将凹模中不允许腐蚀面进行封闭

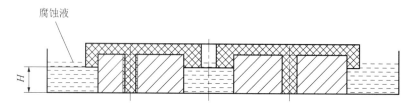

（b）将凹模翻转过来后浸于深度稍高于漏料孔的高度 H 的腐蚀液中

图 1-19　腐蚀扩大凹模漏料孔过程

七、冲压导柱模具的装配

冲压导柱模具的常见装配过程如下：

清洗和测量、检查所有模具零件→组件装配→模具总装（把各模板安装在模座上）→将模具安装在压力机上试冲出制件。

上述第一环节比较简单，就是用煤油清除加工后的零件，锉除加工毛刺，然后测量零件尺寸并对照零件图进行检查。这里不作详细介绍。下面介绍其余 3 个环节。

1. 组件装配

冲模的组件装配主要是凸模与凸模固定板的装配。下面介绍三种常用机械式固定凸模的结构和装配过程。

01 螺钉紧固式

如图 1-20 所示，螺钉紧固式利用垫板上的螺钉拉紧凸模，以防止冲裁时凸模脱落。由于凸模侧面为直壁，故方便铣削、刨削等纵向走刀的加工。凸模与固定板孔的定位配合一般采用 M7/h6 或 R7/h6。凸模的螺孔要在凸模淬火前加工出来。

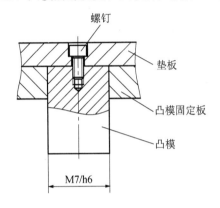

图 1-20 螺钉紧固式凸模组件

组件的安装过程如下：

步骤 1 将凸模垂直压入固定板型孔内，如图 1-21 所示，然后在平台和固定板下面放置两等高垫块，在凸模下端放置可调垫块，调整可调垫块高度，使凸模上端面与固定板上平面平齐。

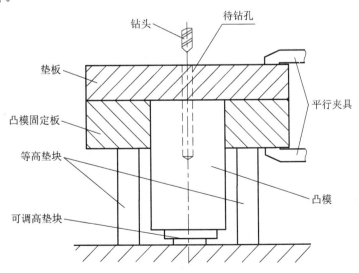

图 1-21 钻垫板和凸模螺孔底孔

步骤2 把垫板放置在凸模固定板上面并调整两板对齐,然后用平行夹具夹紧两板,如图1-21所示。

步骤3 在垫板上画出的螺孔中心位置钻螺孔底孔,直至达到凸模孔的深度。

步骤4 拆开,在凸模孔攻螺纹,在垫板钻(扩)通孔及沉头孔。

步骤5 用螺钉按图1-20将它们连接起来。

02 凸肩固定式

如图1-22(a)所示,凸肩固定式利用凸肩防止冲裁时凸模脱落。凸模与固定板孔的定位配合采用H7/m6、H7/r6配合。凸肩结构尺寸为 $H > \Delta D$($\Delta D = 1 \sim 4$mm,$H = 3 \sim 8$mm)。

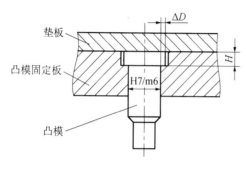 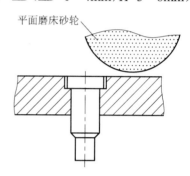

（a）凸肩固定式结构　　　　　　　　　（b）磨平固定板上面和凸模上端面

图1-22　凸肩固定式凸模组件

组件的安装过程如下:

步骤1 将凸模垂直压入固定板型孔,直到凸模凸肩下面接触到孔台阶端面为止。

步骤2 将凸模上端与固定板上面一起磨平,如图1-22(b)所示。

凸肩固定式的特点是连接牢固可靠,但刨削和铣削加工凸模时,纵向走刀不方便。

03 铆接式

如图1-23(a)所示,铆接式利用铆大凸模上端来阻止凸模从固定板孔中脱落,仅适用于冲裁板厚 $t < 2$mm 的凸模固定,凸模和固定板孔的配合常用小量过盈 R7/h6。

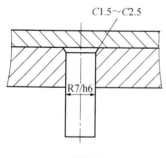 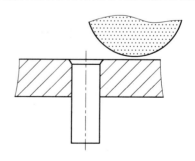

（a）结构图　　　　　　　　　　　（b）磨平固定板和凸模上端面

图1-23　铆接式凸模组件

为了能铆接，凸模上端即铆接端的硬度要小于 HRC30，所以凸模要局部淬火，仅淬硬冲裁工作端。而固定板型孔铆接端的周边倒角为 $C1.5\sim C2.5$。

装配时先将凸模压入固定板型孔内，并使凸模上端面比固定板上端面稍高，然后铆打凸模上端面，使凸模铆出部分占据型孔的倒角，如图 1-23（b）所示，最后将它们上面一起磨平。

2. 模板安装在模座的常用形式

冲压模具总装的主要要求是将凸模和凹模的模板及其他零件牢固地安装在上模座或下模座上，在冲制过程中，要保持凸模和凹模相对位置不变，即使受到冲压力或其他作用力的作用也不会产生位移。

把凸模和凹模的模板安装在模座的常见形式是螺钉-定位销连接固定形式。

01 螺钉-定位销连接固定形式

对于外形为长方形的模板，一般在四角各布置 1 个螺钉和共 2 个或 4 个定位销。而对于外形为圆形的模板，一般用均布在同一圆周上的 3 个螺钉和 3 个定位销来连接，如图 1-24 所示。

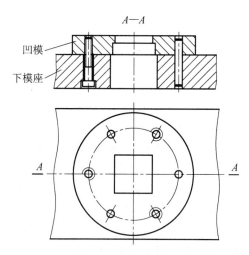

图 1-24　圆形凹模安装在下模座上

02 螺钉-定位销连接的装配过程

装配时，一般先安装螺钉连接，后安装定位销定位。图 1-24 所示的下模安装过程如下：

步骤 1　凹模在下模座上找正后用平行夹具夹紧，配钻 3 个螺孔底孔，如图 1-25 所示。螺孔底孔直径 d_0 可先查附表 5 得螺钉公称外径 d 和螺距 P，然后用下式计算，即

$$d_0 = d - (1.05\sim 1.08)P$$

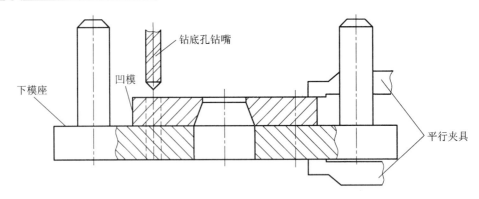

图 1-25　凹模和下模座夹紧后配钻螺孔底孔

步骤 2　拆开后在凹模上攻螺孔，在下模座扩通孔和螺钉头沉孔。两孔直径一般比螺钉相应的外径大 0.3～1mm，也可以查附表 6 确定通孔和沉孔尺寸。

步骤 3　用螺钉将凹模和下模座紧密连接，然后在两板配钻 3 个定位销底孔，定位销底孔直径 d_0 比销的公称外径小 0.1～0.2mm。

步骤 4　一起配铰定位销孔。

步骤 5　打入定位销。

3. 冲压导柱模总装配过程

为了便于装配和调试，应首先根据模具结构特征选择相适应的装配基准。冲压导柱模的装配按装配基准不同分为以下两大类装配工艺路线。

01　以下模（凹模）为装配基准的装配工艺路线

这种装配路线常用于单工序导柱模和连续导柱模的装配。

这两类模一般情况下，把凹模设置在下模，凸模组件设置在上模。由于凹模一般是整体式板类件，凹模板的螺孔和定位销孔在其淬硬之前必须与下模座配作加工出来。而凸模组件由凸模插入不用淬硬的固定板组成，由于固定板始终没有淬硬，到最后装配时，它可以与上模座配钻加工出螺孔和定位销孔。所以为了加工与装配和调试方便，往往先将凹模装配固定在下模座作为装配基准，然后以凸模插入下凹模作为定位，把凸模装配固定在上模座上，具体过程如下：

步骤 1　用平行夹具将凹模和下模座一起夹紧，配钻螺孔底孔，如图 1-25 所示。

步骤 2　拆开后，在凹模攻螺孔，在下模座扩通螺孔和沉孔。

步骤 3　用螺钉将凹模和下模座连接好后，配钻定位销底孔，然后配铰定位销孔，最后在下模压入定位销，下模装配好。

步骤 4　将凸模组件的凸模插入下模凹模孔 3～5mm，在凹模和凸模固定板之间放置等高垫块，通过导柱导向，将上模座放置在固定板上找正后，用平行夹具将上模座与凸模固定板夹紧，如图 1-26 所示。然后在上模两板配钻螺孔底孔。

步骤 5　用螺钉将凸模组件与上模座连接稍紧，通过导柱导向，将上模插入已安装好的下模凹模 3～5mm，在固定板和凹模之间放置等高垫块，在下模座漏料孔放置发光灯泡，如图 1-27 所示，从上面观察凸模和凹模之间周边间隙，然后用锤子敲击凸模固定板侧面，调整周边间隙均匀后，拧紧上模连接螺钉，再用纸片冲出制件，确认周边间隙均匀。配钻、铰出定位销孔，压入定位销后，整套模具装配完成。

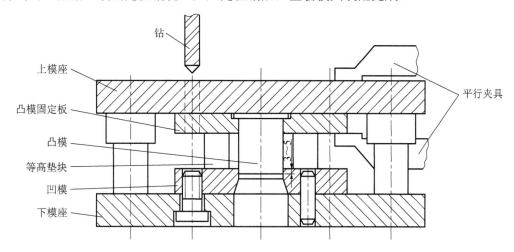

图 1-26　在上模配钻螺孔底孔

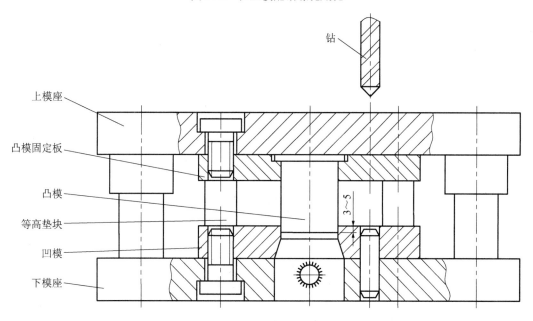

图 1-27　调整凸模和凹模周边间隙均匀后在上模配钻定位销底孔

02 以凸凹模为装配基准的装配工艺路线

这种装配路线仅用于复合冲裁模的装配，因为在复合冲裁模中有一个落料凸模和冲孔凹模为一体的凸凹模，只要将凸凹模安装固定在模座上，它就既可以作为落料凹模和冲孔凸模的装配定位基准，又可以作为调整它们之间间隙的参照基准。因此装配复合模时，应先将凸凹模安装固定在模座上作为装配基准，然后安装落料凹模和冲孔凸模。

1）在倒装复合模中，因其凸凹模在下模，所以应首先将凸凹模安装在下模作为装配基准。以图1-1所示的倒装复合模为例，其装配过程如下：

将凸凹模组件3-4和下模座1找正夹紧后配钻螺纹底孔→拆开后，在凸凹模固定板3攻螺孔，在下模座扩通螺孔和沉孔→用螺钉将凸凹模组件和下模座连接紧后配钻、铰定位销孔→在下模压入定位销，下模装配基准确定→在装好下模的凸凹模固定板上放置等高垫块，然后将落料凹模8和冲孔凸模（组件）9-10分别套入和插入凸凹模3～5mm，再放上垫板11，通过导柱导向，将上模座13放在垫板上，找正并将上模板夹紧后在上模配钻螺孔底孔→上模拆开后，在凹模攻螺孔，在冲孔凸模固定板和垫板扩通螺孔，在上模座扩通螺孔和沉孔→用螺钉将上模各板与上模座连接稍紧后，分别调整落料模和冲孔模中的凸模与相应的凹模周边间隙均匀→拧紧上模连接螺钉，在上模配钻、铰定位销孔→在上模压入定位销。

2）在正装复合模中，因其凸凹模在上模，所以应首先将凸凹模安装在上模，其总装配工艺过程可参考倒装复合模装配过程编制，这里不再介绍了。

八、复合冲裁模两对凸模和它们相应的凹模周边间隙的调整

复合冲裁模中有两对凸模和凹模，装配时要调整两对凸模和凹模周边间隙达到均匀一致，绝非易事。下面就以图1-1所示模具装配为例，研究采取什么方法来调整复合模的间隙。

因为该模是倒装复合模，如上所述，必须先把凸凹模组件和下模座一起配作加工螺孔和定位销孔，然后用螺钉和定位销将凸凹模组件安装固定在下模座上。接着在上模4板配作加工安装螺孔和通孔、沉孔。用螺钉把上模的落料凹模、冲孔凸模、垫板与上模座连接稍紧后，就可以调整两对凸模和凹模的间隙了。

调整模具间隙时遇到的难题是，如果在调整好第一对凸模和凹模间隙后，再调整第二对，则在调整第二对时，就会改变已调整好的第一对凸模和凹模的相对位置，所以在调好第一对后，必须利用工艺定位销使的第一对凸（或凹）模固定在上模座的位置不变。

调整复合模时遇到的另一问题是，应该先调整哪一对模的间隙。如果先调整落料模，后调整冲孔模，则在调整冲孔模时，冲孔模的刃口已被装上的落料凹模所遮盖，难以观察到冲孔模的间隙状况。所以应先调整冲孔模的间隙，这是因为此时落料凹模还未安装，可以清楚地观察到冲孔模的刃口情况，因此调整冲孔模刃口间隙很方便。其次，由于冲孔凸模固定板比落料凹模更靠近上模座，所以利用工艺定位销将冲孔凸模固定板固定在上模座上较方便。下面是调整图1-1所示复合模间隙的两个步骤：

步骤1 调整冲孔凸模和凹模周边间隙均匀后，安装工艺定位销使冲孔凸模在上模座的位置不变。

如图1-15所示，将冲孔凸模插入下模的凸凹模孔内3～5mm，在上模和下模两固定

板之间放置等高垫块，然后用螺钉和螺母把冲孔凸模固定板、垫板、上模座一起连接稍紧。用透光法调整好冲孔的凸模和凹模的间隙均匀后，拧紧压紧螺栓、螺母，在冲孔凸模固定板、垫板、上模座上配钻、铰工艺定位销孔，再打入工艺定位销，这样，在调整落料凸模和凹模的间隙时就可以确保已调整好的冲孔的凸模和凹模的相对位置不变。

步骤2　用冲纸法或涂红油法调整落料凸模和凹模的间隙。

拆去图 1-15 中的螺母和螺栓连接，保留两工艺定位销在上模 3 板内，接着把落料凹模套入下模的凸凹模 3～5mm，然后用螺钉将上模的落料凹模、冲孔凸模固定板、垫板、上模座连接紧后，就可以进行落料凸模和凹模的周边间隙的调整。

由于倒装复合模的落料凹模上端孔口被冲孔凸模固定板遮盖，所以，不便用透光法精细调整落料模间隙，要想精细调整，可采用下面两个方法。

冲纸法：在下模的凸凹模上面放置纸片，利用导柱导套导向，用锤敲击上模而冲裁出纸片，根据冲裁纸片周边是否切断，有无毛刺的情况来判断间隙分布情况，然后稍拧松上模连接螺钉，根据间隙分布情况来敲打落料凹模的侧面，以调整其周边间隙。

涂红丹油法：在凸凹模外刃口上涂上一层薄而均匀的红丹油，通过模架导柱导向，使凸凹模插入落料凹模孔 3～5mm，根据凹模刃口抹上油的情况来判断间隙的分布情况，然后稍拧松上模的连接螺钉，按间隙的分布情况敲打落料凹模的侧面来调整其周边的间隙达到均匀为止。

采用上述两法之一调整落料凹模和凸模使其周边间隙均匀之后，拧紧上模连接螺钉，在上模 4 板齐配钻、铰定位销孔，打入定位销后，上模的装配就此完成。

九、淬硬落料凹模与上模各板配作加工螺孔和销孔的方法

由上文可知，装配到最后时，落料凹模才与上模各板配作加工螺孔和定位销孔，但是，此时落料凹模已淬火变硬，无法对其进行钻、攻、铰等切削加工了。也就是说，凹模在淬火之前就必须完成钻、攻螺孔和钻、铰销孔的切削加工。

1. 落料凹模与上模各板配作加工螺孔的方法

淬硬落料凹模之前，可在其上单独钻、攻出螺孔，最后装配时，通过凹模上已加工的螺孔，用与螺孔底孔相应的钻头在其他各板引钻出锥窝，拆开后，在各板锥窝处钻、扩螺孔通孔和沉孔。

2. 落料凹模与上模各板配作加工定位销孔的方法

定位销孔的加工是不能采用上述引钻方法的，因为定位销定位是容不得板与板之间有丝毫偏移的。所以装配时，一定要将几块板一起配钻、铰加工销孔。可以采用增加销塞的方法来解决这个难题，也就是在淬硬之前，先在凹模的定位销孔处钻出比销孔大 3～5mm 的孔，凹模淬硬后，再在此孔打入过盈配合的销塞后与凹模两底面齐磨平，到装配时，可在未淬硬的销塞上配钻、铰定位销孔。

十、冲压导柱模装配后的检查、打标记、试模

1. 检查模具

按图 1-1 要求把模具装配好后，还要检查模具装配质量，检查上模座上平面相对于下模座下平面的平行度、凸模相对于凹模的垂直度、模柄相对于上模座上平面的垂直度是否达到要求。检查模具的螺钉是否上牢，定位销是否上好。用锤轻击上模，观察上模上下移动是否稳定灵活；检查卸料装置和推件（料）装置能否顺利完成卸料或推件。

2. 打标记

在模具明显处打出冲压件的图号标记。在所有模板前侧面同一方位打出模具零件图号数字标记，以备拆开再重装时辨认各模板摆向。

3. 试模

步骤 1　模具在压力机上安装。先把压力机的滑块升到最高位置，然后关断电机电源，将导柱模放在压力机工作台上摆正，并使滑块的模柄孔对准模具的模柄，然后一边用脚踩下操纵离合器接合的脚踏开关，一边用手扳转压力机大飞轮，使滑块慢慢下降，注意观察模柄是否顺利插入滑块中的模柄孔内，在滑块下到最低位置时停止扳转大飞轮，然后用大扳手拧转压力机的调节螺杆，先使滑块下端面紧贴模具上模座上平面，然后拧紧夹持螺栓，使夹持器夹紧模柄，接着微转压力机滑块上的调节螺杆，使滑块下降至凸凹模插入落料凹模孔 1～3mm 为止，如图 1-28 所示。然后拧紧锁紧螺栓将调节螺杆锁死，最后用压板把上模和下模分别压紧在滑块和工作台上。

步骤 2　检查卸料装置和挡（导）料销的移动是否灵活，调整推件装置的位置。一边用脚踩下操纵离合器接合的脚踏开关，一边用手扳转大飞轮使滑块带着上模慢慢上升，注意观察卸料板和挡（导）料销是否随着上模上升而顺利上移，直至滑块上升到最高处为止，此时检查上模内的推件块是否向下伸出落料凹模下平面。如果这几方面达不到要求，则要对模具进行修整。达到要求后，可拧转滑块两侧安装在压力机架上的限位螺杆，使它们下端面紧贴滑块侧孔的横杆上平面，此时横杆下平面压着打料杆上端面，而推件块应向下伸出落料凹模下平面 0.5～2mm，如图 1-29 所示。

步骤 3　试冲制件。试冲前，手持条料将其放在下模卸料板上，使条料左边紧靠导料销，前端抵着挡料销。为了安全起见，第一次试冲不要电动冲制，而应用手扳转飞轮将制件冲制出来，检查卸料、推件等装置正常后，再开动电动机进行试冲。最后检测冲制件是否达到图 1-1 中的技术要求。

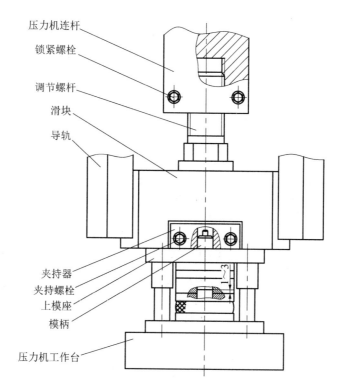

压力机连杆
锁紧螺栓
调节螺杆
滑块
导轨
夹持器
夹持螺栓
上模座
模柄
压力机工作台

图 1-28　冲压导柱模在压力机上安装

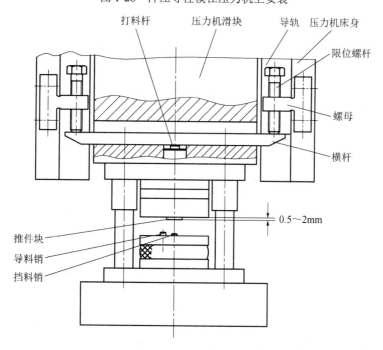

打料杆
压力机滑块
导轨
压力机床身
限位螺杆
螺母
横杆
0.5～2mm
推件块
导料销
挡料销

图 1-29　压力机上刚性推件装置的调整

十一、倒装复合冲裁模试冲时可能出现的缺陷、原因和修改方法

具体见表1-9。

表1-9　倒装复合冲裁模试冲时可能出现的缺陷、原因和维修方法

试冲出现的缺陷	产生原因	维修方法
冲裁件四周或孔四周的毛刺较大	1）凸模和凹模刃口不锋利或它们淬火硬度低 2）凸模和凹模之间配合间隙过大	1）磨削凸模和凹模刃口，提高它们的硬度 2）减小凸模和凹模配合间隙
冲裁件一边毛刺很大，而另一边凸、凹模相互磨损大	1）凸、凹模之间周边间隙不匀 2）所有模板安装不平行，致使凸模相对凹模倾斜度大 3）凸模或导柱等安装后不垂直于模座，致使凸模相对凹模倾斜度大	1）拆除上模定位销，分别调整两对模的凸、凹模间隙均匀后，重新在上模钻、铰销孔，重新装销钉 2）拆开后，磨平各模板，重新装模 3）重新安装凸模或导柱
推件块不能把制件推离落料凹模孔	1）压力机横杆的位置过高，致使推件块推出行程过小 2）由于制造误差，推件块无法伸出落料凹模下平面	1）拧转压力机限位螺杆，使横杆位置降低到可使推件块伸出落料凹模底面 2）调整推件块等有关零件的位置，使推件块伸出落料凹模下平面0.5～2mm
冲裁完毕后，卸料板不能完全复位推出条料	1）凸凹模与卸料板孔配合过紧，或卸料板倾斜，致使卸料板套死在凸凹模上 2）卸料螺钉与下模通孔配合过紧，或卸料螺钉相对下模倾斜度大，致使卸料螺钉在下模通孔卡死 3）橡胶的弹性不足，致使推出力小于卸料力 4）卸料板复位行程不够，致使复位后凸凹模仍高于卸料板上平面	1）扩大卸料板的通凸凹模的孔或重新安装卸料板 2）扩大下模通孔或重新安装卸料螺钉 3）更换或加厚橡胶，增加弹推力 4）加深下模座的沉孔深度或加长卸料螺钉的长度，使常态下凸凹模端面低于卸料板上平面
冲裁完毕后，挡（导）料销不能伸出复位	挡（导）料销与卸料板孔配合过紧，致使挡（导）料销不能从卸料板孔伸出	稍扩大卸料板的通销孔，或抛光挡（导）料销外圆

十二、机加工安全操作规程

1. 机加工前的准备工作

1）务必穿戴好规定的劳动护具、工作服和工作鞋，戴上工作帽和护目镜。

2）先接通机床总电源开关，然后打开照明开关。检查机床导轨等润滑系统是否缺乏润滑油，若不足时，应添加润滑油。检查机床的工件和刀具的夹具等装置是否齐备且牢固可靠。

3）启动机床，检查机床的离合器、操纵器是否灵活好用，安全保护罩是否可靠。经指导教师检查批准后方可进入下一步的工作。

2．机加工操作规程

1）切削加工前，必须检查工件、刀具是否夹牢。然后开机用小切削量进行试车，检查有没有异常。有异常时应立即报告指导教师，并停机检查原因进行纠正。

2）操作机床进行切削时要精神集中，密切注意切削情况。严禁打闹、说笑，更不准将手伸进机件运动的危险区域。

3）不准在开机时检查、测量工件的尺寸。

4）在加工中发现机床运行不正常时，应立即停机并报告指导教师。

3．机加工完毕后要做好维护工作

1）清除机床和周围的铁屑。

2）在润滑系统中添加润滑油。

3）按规定位置摆放好工具、刀具和夹具。

4）关闭所有电源开关。

十三、冲压试模安全操作规程

1．冲压试模前的准备工作

1）务必穿戴好规定的冲压加工防护用具，如穿好工作服、工作鞋，戴上工作帽、工作手套和护目镜。

2）擦干净模具，并检查模具中各连接螺钉是否上牢固，定位销钉是否全部压到位，导柱导套、顶件装置等相对移动部件的运动是否灵活平稳。

3）清理压力机工作台面和工作台周围的废料和杂物，检查安全操作工具（如工件夹持器）和压力机防护罩是否完好、齐全，否则要及时处理和补全。

4）接通压力机总电源开关和照明开关。检查滑块导轨等的润滑系统是否保存足够的润滑油，若不是则及时添加。试机检查压力机的离合器、制动器、按钮脚踏开关、拉杆是否灵活好用，若有故障，要及时报告。

2．冲压试模的安全操作规程

1）冲压试模过程中，要集中精神，严禁打闹、说笑或做其他与工作无关的事。

2）安装模具时，必须将压力机电气开关转到手动位置，严禁使用脚踏开关操作电动压力机滑块运行，尽量用手扳动压力机大飞轮来操作滑块上下移动，先使滑块下到死点后，再开始调整安装模具。

3）注意压力机滑块运行方向，当滑块运行时，严禁将手伸入冲模内。不准用手扶在打料杆、导柱等危险部位。往冲模内送单个毛坯或从冲模内取走制件时，必须使用安全夹持工具（电磁吸具、镊子、空气吸盘、钳子和钩子）。

4）在冲压试模期间，如发现压力机运行不正常，要立即停机并报告。

3. 冲压试模完毕后的维护工作

1）清除压力机工作台上的制件和废料。

2）在压力机润滑系统中添加润滑油，在模具工作部分和相对运动部位涂上全损耗系统用油。

3）在规定位置放置好夹持工具和安装模具的元件。

4）关闭电源开关。

2 项目

制造冲孔—落料连续冲裁模

>>>>

◎ 学习目标

1. 了解环氧树脂或低熔点合金黏结固定凸模的工艺过程，掌握利用环氧树脂来黏结固定多凸模的工艺方法。

2. 了解连续模的制造过程，掌握它的零件机加工和模具装配工艺方法，具有制造二工序连续模的技能。

◎ 任务描述

1. 制定冲孔—落料连续冲裁模（图 2-1）中各主要零件（图 2-2 ~ 图 2-10）的加工工艺方案，然后编制将这些零件和购买的零件装配成连续模的装配工艺路线。

2. 在车间教师的指导下，遵守安全操作规程，操纵机床按制定的加工工艺方案把这些零件加工出来，然后把加工出来的零件和购买的零件装配成能冲裁出合格制件的模具。

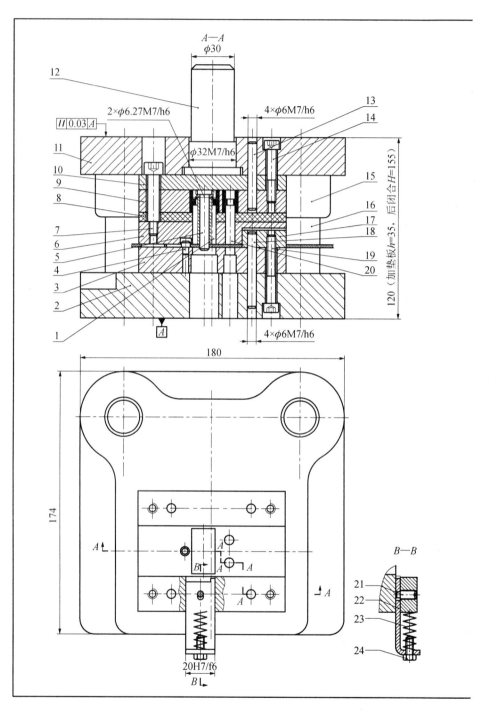

图 2-1　冲孔—落料连续

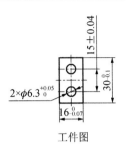

工件图
材料：10钢，料厚：1.5mm
要求：大批量生产，制件较平整

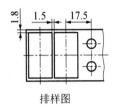

排样图

技术要求
凹模和凸模之间双面间隙$Z \leqslant 0.132$mm。

24	螺栓	1	35		M4×20
23	弹簧	1			
22	始用挡料销	2	Q235		
21	限位螺钉	1	45		M6
20	冲孔凸模	2	CrWMn		HRC58~62
19	螺钉	4	35	GB/T 70.1—2008	M6×50
18	销	4	35	GB/T 119.1—2000	6m6×50
17	导料板	2	45		HRC28~32
16	导柱	2	20	GB/T 2861.1—2008	
15	导套	2	20	GB/T 2861.3—2008	
14	螺钉	4	35	GB/T 70.1—2008	M6×35
13	销	4	35	GB/T 119.1—2000	6m6×45
12	模柄	1	45	JB/T 7646.1—2008	A30×73
11	上模座	1	HT200	GB/T 2855.1—2008	100×80×25
10	垫板	1	45		100×80×10
9	凸模固定板	1	45		100×80×15
8	橡胶	1	聚氨酯橡胶		
7	卸料螺钉	2	45		M6
6	卸料板	1	45		HRC43~48
5	导正销	2	T10A		HRC52~56
4	固定挡料销	1	45	JB/T 7649.10—2008	A6×4×3
3	凹模	1	CrWMn		HRC62~64
2	下模座	1	HT200	GB/T 2855.2—2008	100×80×30
1	落料凸模	1	CrWMn		HRC58~62
序号	名称	数量	材料	标准	备注

		比例	1：1.5
冲孔—落料 连续模		重量	
设计		日期		共　张
审核		日期		第　张
班级		学号		

冲裁模装配图

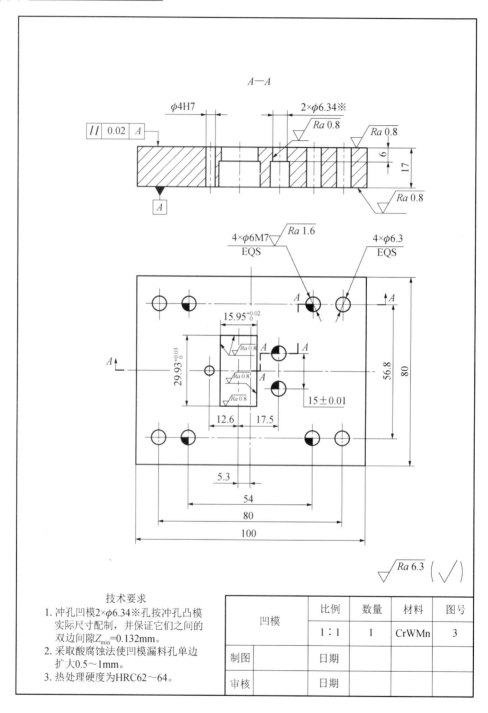

图 2-2　凹模零件图

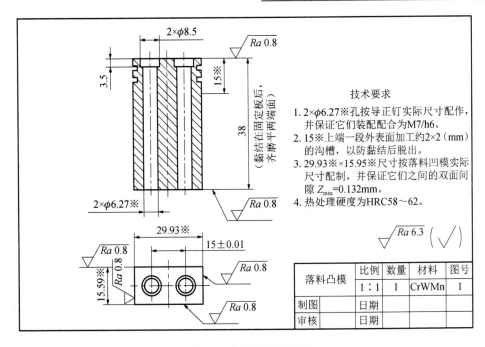

技术要求

1. 2×φ6.27※孔按导正钉实际尺寸配作，并保证它们装配配合为M7/h6。
2. 15※上端一段外表面加工约2×2（mm）的沟槽，以防黏结后脱出。
3. 29.93※×15.95※尺寸按落料凹模实际尺寸配制，并保证它们之间的双面间隙Z_{min}=0.132mm。
4. 热处理硬度为HRC58～62。

落料凸模	比例	数量	材料	图号
	1：1	1	CrWMn	1
制图	日期			
审核	日期			

图 2-3　落料凸模零件图

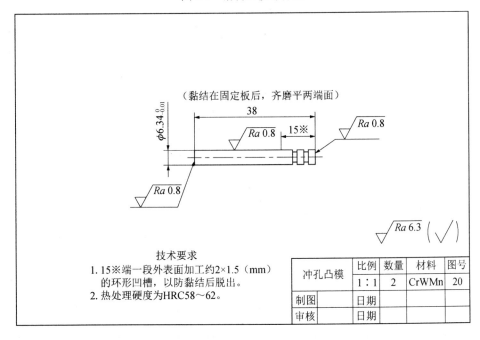

技术要求

1. 15※端一段外表面加工约2×1.5（mm）的环形凹槽，以防黏结后脱出。
2. 热处理硬度为HRC58～62。

冲孔凸模	比例	数量	材料	图号
	1：1	2	CrWMn	20
制图	日期			
审核	日期			

图 2-4　冲孔凸模零件图

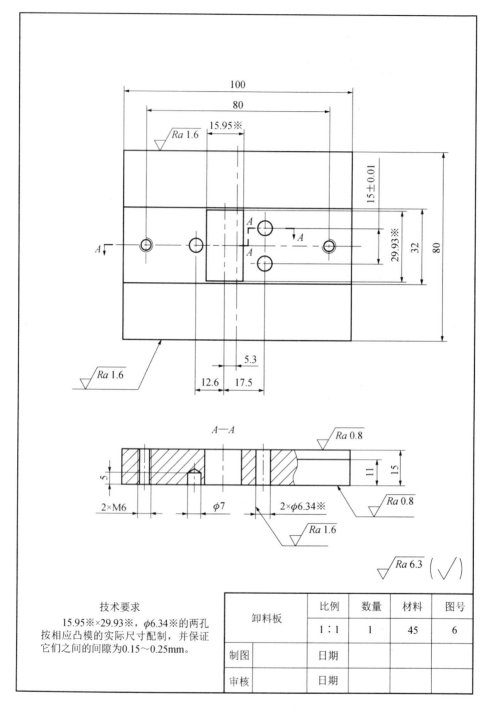

图 2-5　卸料板零件图

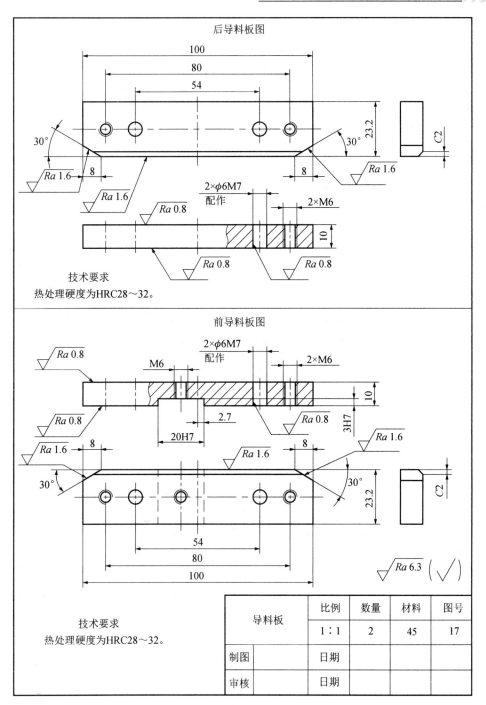

图 2-6　导料板零件图

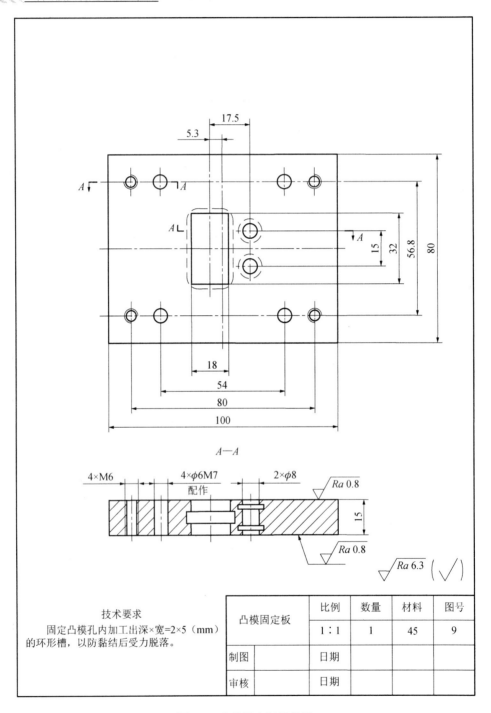

技术要求
固定凸模孔内加工出深×宽=2×5（mm）的环形槽，以防黏结后受力脱落。

凸模固定板	比例	数量	材料	图号
	1：1	1	45	9
制图		日期		
审核		日期		

图 2-7　凸模固定板零件图

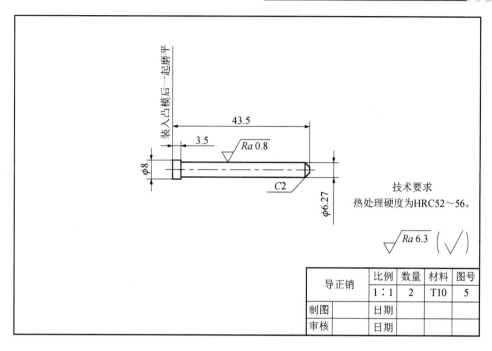

图 2-8　导正销零件图

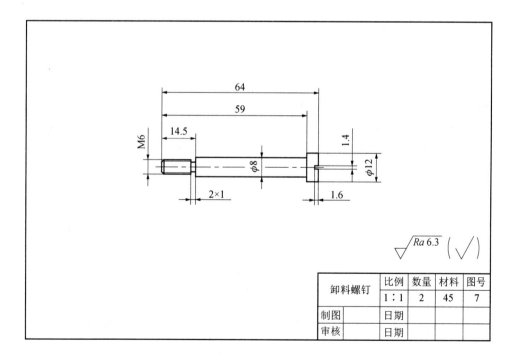

图 2-9　卸料螺钉零件图

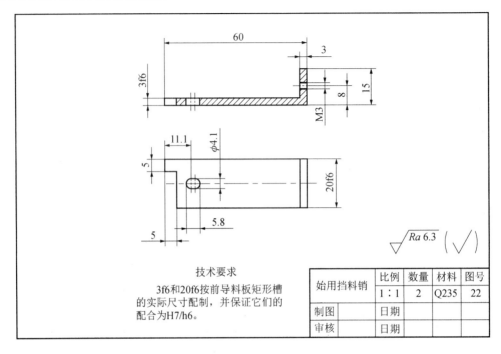

技术要求

3f6和20f6按前导料板矩形槽的实际尺寸配制，并保证它们的配合为H7/h6。

始用挡料销		比例	数量	材料	图号
		1:1	2	Q235	22
制图		日期			
审核		日期			

图 2-10　始用挡料销零件图

任务实施

一、工艺分析

从图 2-1 可知，落料模和两圆形冲孔模的凸模与凹模的配合双面间隙 $Z \leqslant 0.132$mm，这是直接影响到冲裁件的断面质量和尺寸精度的技术要求。为了达到这个要求，两对模加工都采用配作方法。冲孔凸模 20 决定了冲裁件孔的尺寸精度，且是圆形件，可采用如下加工路线：

车削→淬火→外磨削达到尺寸要求。

落料凸模是落料凹模的配合件，且是外形为长方形的件，可采用如下加工路线：

刨削→淬火→磨削。

凸模与凹模配合的加工，也可以采用如下加工路线：

毛坯淬火→线切割方形→研磨方形与凹模配合。

为了保证落料凸模中导正销固定孔与长方形件的相对位置精度，我们选用后一个路线。

凹模 3 是本模具最重要的工作零件，它由方形落料凹模和两个冲孔凹模合为一体，3 个型孔与挡料销 4 和两个导正销 5 的相对位置精度直接影响到冲裁件孔的位置精度。

为了满足该要求，应采用凹模3两垂直侧面作为统一基准下线切割凹模型孔和挡料销固定孔，其加工路线如下：

毛坯淬火→线切割凹模型孔和挡料销固定孔→研磨落料凹模型孔达要求尺寸→研磨冲孔凹模与冲孔凸模配合。

本模具是多凸模的冲裁模，为了保证每个凸模都能准确对准相应凹模型孔，可以凸模固定板9两垂直侧面为基准切割3个凸模固定孔。但这样的线切割加工成本高且加工时间长。为了降低加工成本，减少加工时间，决定采用以凹模3中3个型孔对相应凸模定位，然后用黏结法将3个凸模黏结固定在凸模固定板的孔内。

本模具是导柱连续冲裁模，为了方便调节凸模和凹模周边间隙均匀，应先安装好下凹模，将其作为装配基准，后安装上模。具体装配路线如下：

将下模座2和凹模3夹紧配钻螺孔底孔→拆开后在两板分别攻螺孔、扩通螺孔和沉孔→用螺钉将下模两板连接紧，配钻、铰定位销孔，然后在下模两板压入定位销→以下模凹模型孔对凸模定位后，将上模座11、垫板10、凸模固定板9夹紧一起配钻螺孔底孔→拆开后，在上模3板分别攻螺孔、扩通孔和沉孔→用螺钉连接上模3板稍紧，以下模凹模型孔为基准，调整凸模和凹模周边间隙均匀→拧紧上模连接螺钉，在上模3板配钻、铰定位销孔，最后在上模压入定位销。

 三思而后行

1. 在加工连续模的凹模时，为有效提高各凹模型孔和定位元件安装孔的相对位置精度，可采取什么措施？

2. 采用什么方法才能有效保证多凸模的模具中各凸模都准确对准相应凹模型孔？

3. 为什么把车削、铣削、刨削、钻削等切削加工工序排在电火花线切割加工工序之前？

4. 线切割加工前应做哪些模坯准备工作？

5. 数控线切割电火花加工模具有哪些特点？

6. 常有哪两种方法加工凹模漏料孔？

二、编制模具主要零件的加工工艺卡

表2-1～表2-6为图2-1所示的冲孔—落料连续模各主要零件的加工工艺卡，其中工序图中√所指的面为本工序的加工面，加工余量可查附表1。

由于图2-10所示始用挡料销的加工是单一的钳工工序，它的加工过程是在板料上划线、剪切、钻孔、锉修，所以比较简单，在此不详细编写它的加工工艺卡。图2-8所示导正销和图2-9所示卸料螺钉都是简单车削零件，可根据其零件图车削而得，在此不再详述。

图 2-2 所示凹模加工工艺卡见表 2-1。

表 2-1　凹模加工工艺卡

序号	工序名称	工序内容	设备	工序简图
1	备料	锯棒料 ϕ80mm×47mm，留单面锻打余量 4mm	锯床	ϕ80 47
2	锻造	锻成长方体 106mm×86mm×23mm，留单面刨削余量 3mm	锻床	106 23 86
3	热处理	退火		
4	粗刨	刨长方体 101mm×81mm×18mm，留单面磨削余量 0.5mm	刨床	101 18 81
5	磨平面	磨上、下两底面和相邻两垂直侧面，保证各面相互垂直，留单面精磨余量 0.3mm	磨床	100.6 17.6 80.6

序号	工序名称	工序内容	设备	工序简图
6	钳工划线和钻穿丝孔	1）画出各孔中心线和凹模型孔轮廓线 2）在凹模型孔中心和挡料销安装孔中心钻 ϕ3mm 的穿丝孔		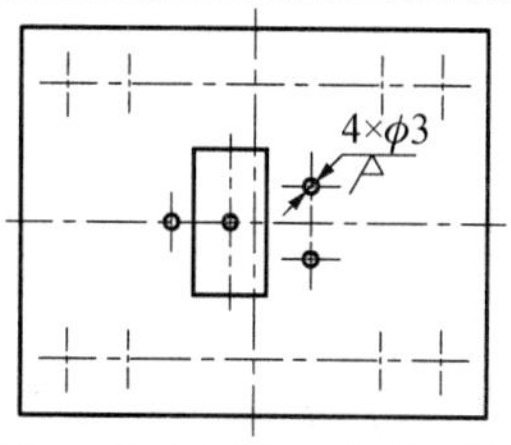
7	配作加工螺孔和定位销孔	1）按右图把导料板、凹模、下模座找正后夹紧，钻 4 个 ϕ5.2mm 螺纹底孔，拆开后，在导料板攻 4 个 M6 螺孔，在凹模和下模座扩 4 个 ϕ6.3mm 通螺孔，在下模座的下端扩 4 个沉孔 ϕ10.5mm，深 6.5mm 2）用螺钉把导料板、凹模、下模座连接紧，钻 4 个 ϕ5.8mm 底孔，后用 ϕ6mm 铰刀铰孔	钻床	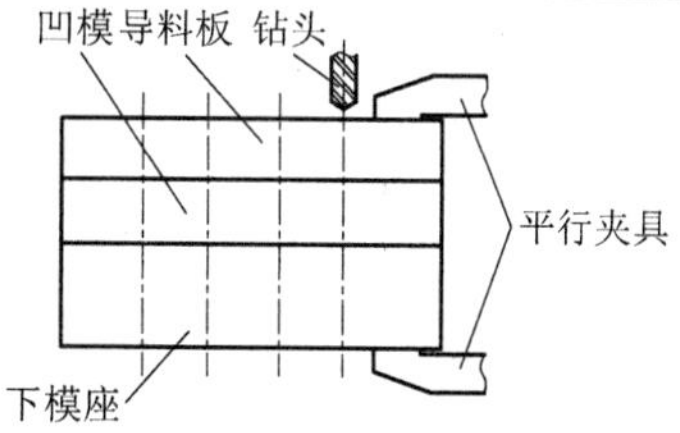
8	热处理	拆出凹模进行淬火、回火，使硬度达 HRC62～64		
9	磨上、下面	磨上、下底面	平面磨床	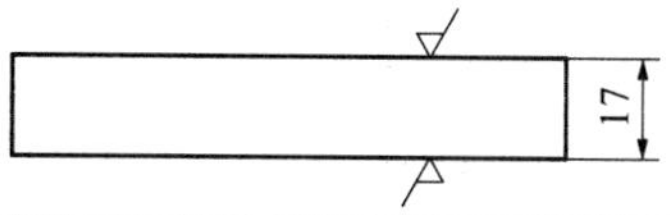
10	电火花线切割	数控电火花线切割加工凹模型孔和挡料销固定孔，其中凹模型孔留有单面研磨余量 0.02mm	电火花线切割机床	
11	腐蚀凹模漏料孔	先用石蜡把凹模型孔直壁和螺孔、销孔封闭，然后翻面放入腐蚀液，腐蚀扩大漏料孔，使孔单面扩大 1mm		
12	研磨	研磨落料凹模刃口达规定尺寸 $29.93^{+0.03}_{0}$ mm × $15.95^{+0.02}_{0}$ mm，研磨冲孔凹模刃口与冲孔凸模配合双边间隙为 0.132mm		

图 2-3 所示落料凸模加工工艺卡见表 2-2。

表 2-2　落料凸模加工工艺卡

序号	工序名称	工序内容	设备	工序简图
1	备料	锯棒料 ϕ60mm×33mm，留单面锻造余量 3mm。考虑凸模周边留单面切割余量 3mm，长度方向留 20mm 为切割夹持长度	锯床	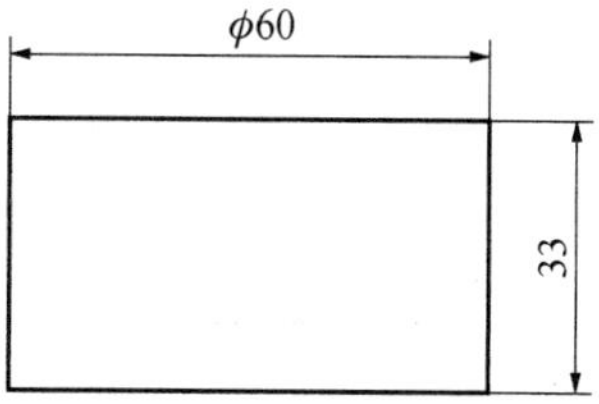

序号	工序名称	工序内容	设备	工序简图
2	锻造	锻成长方体61mm×53mm×27mm，留单面刨削余量2.5mm。留线切割周围单面余量3mm	锻床	
3	热处理	退火		
4	粗刨	刨长方体57mm×49mm×23mm，留单面磨削余量0.5mm	刨床	
5	磨削	磨削上、下两端面和相邻两垂直侧面，并保证它们相互垂直	平面磨床	

续表

序号	工序名称	工序内容	设备	工序简图
6	划线和钻孔	1）画出夹持长度 20mm，画出凸模轮廓线，周边留有 3mm 切割余量 2）画出安装导正钉安装孔的中心线，然后钻 2 个 ϕ4mm 穿丝孔，并在上端扩 2 个 ϕ8.5mm 凸肩孔	钻床	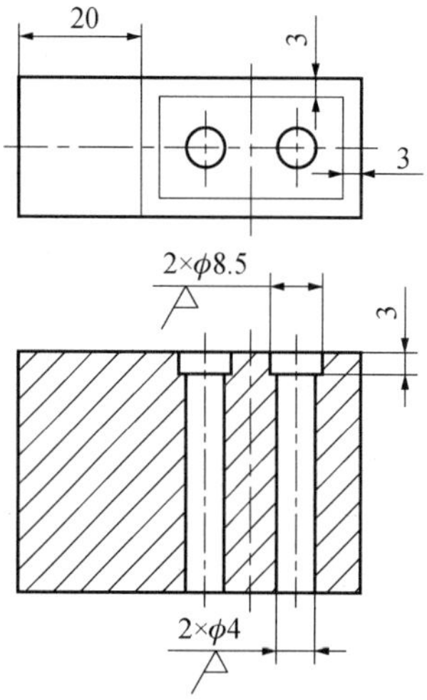
7	热处理	淬火、回火，使硬度达 HRC58～62		
8	磨削	磨削两端面	平面磨床	
9	电火花线切割	数控电火花线切割凸模外形和导正钉安装孔，其中留有单面研磨余量 0.02mm	电火花线切割机床	
10	钳工研磨	1）在黏结处磨出 1～2mm 深的任意沟槽 2）研磨凸模刃口使其与落料凹模型孔配合双边间隙为 0.132mm 3）研磨导正钉安装孔使其与导正钉配合为 M7/h6		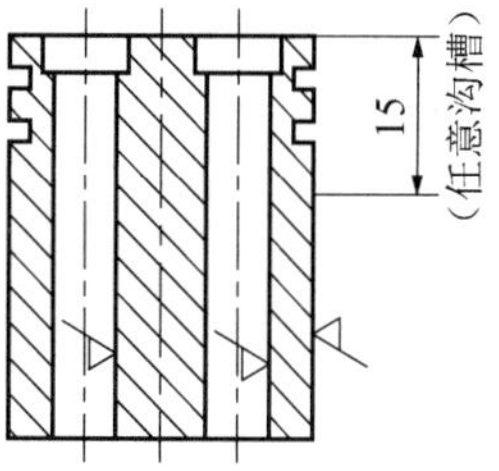

图 2-4 所示冲孔凸模加工工艺卡见表 2-3。

表 2-3　冲孔凸模加工工艺卡

序号	工序名称	工序内容	设备	工序简图
1	下料	锯棒料 ϕ12mm×54mm，长度和径向都留单面车削余量 3mm	锯床	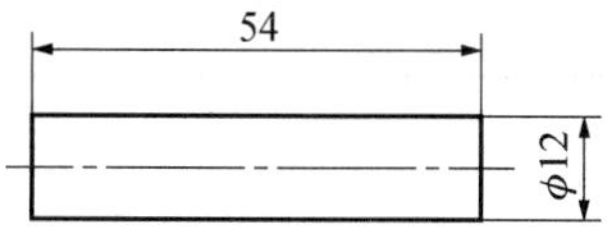

序号	工序名称	工序内容	设备	工序简图
2	车削	1）夹一头，车平另一端面；车外圆$\phi6.64$mm，并在黏结处车约 2mm×2mm 环形槽 2）掉头夹紧另一头，车外圆$\phi6.64$mm，留单面磨削余量 0.15mm，车端面使总长为 48.5mm，留单面磨削余量 0.25mm	车床	
3	热处理	淬火、回火，使硬度达 HRC58～62		
4	磨外圆	夹紧黏结部分，磨外圆达尺寸$\phi6.34_{-0.01}^{0}$mm	外圆磨床	

图 2-5 所示卸料板加工工艺卡见表 2-4。

表 2-4　卸料板加工工艺卡

序号	工序名称	工序内容	设备	工序简图
1	下料	锯棒料$\phi80$mm×43mm，留单面锻造余量 4mm	锯床	
2	锻造	锻造长方体 106mm×86mm×21mm，留单面刨削余量 3mm	锻床	
3	热处理	退火		

续表

序号	工序名称	工序内容	设备	工序简图
4	粗刨	刨长方体 101mm×81mm×16mm，留单面磨削余量 0.5mm	刨床	
5	磨平面	磨上、下底面和相邻两垂直侧面，保证各面相互垂直	平面磨床	
6	钳工划线	画出各孔的中心线和凸台轮廓线，然后画出方孔轮廓线		
7	钻孔和铣削	1）钻φ7mm孔和2个φ6.54mm孔 2）粗铣方形型孔，留单面锉修余量 0.5mm 3）铣凸台	立铣床	
8	钳工锉修	锉修方形孔，使型孔与落料凸模配合双边间隙为 0.15～0.25mm		

图 2-7 所示凸模固定板加工工艺卡见表 2-5。

表 2-5　凸模固定板加工工艺卡

序号	工序名称	工序内容	设备	工序简图
1	下料	锯棒料ϕ80mm×43mm，留单面锻造余量 4mm	锯床	ϕ80 43
2	锻造	锻造长方体 106mm×86mm×21mm，留单面刨削余量 3mm	锻床	106 21 86
3	热处理	退火		
4	粗刨	刨长方体 101mm×81mm×16mm，留单面磨削余量 0.5mm	刨床	101 16 81

续表

序号	工序名称	工序内容	设备	工序简图
5	磨平面	磨上、下底面和相邻两垂直侧面，保证各面相互垂直	平面磨床	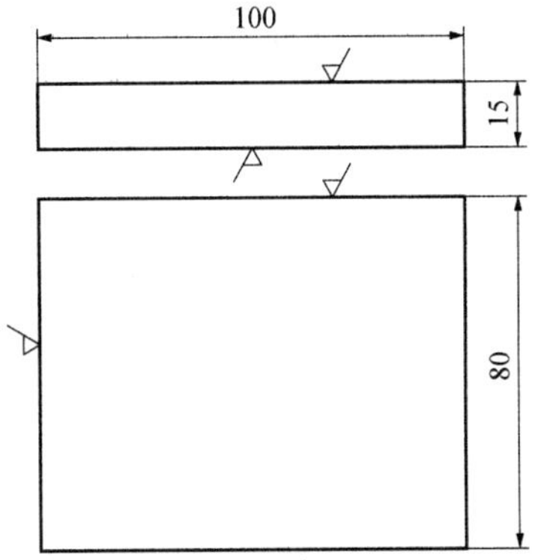 (100, 15, 80)
6	钳工划线	画出销孔和螺孔的中心线，然后画出凸模固定孔中心线和落料凸模固定孔的轮廓线		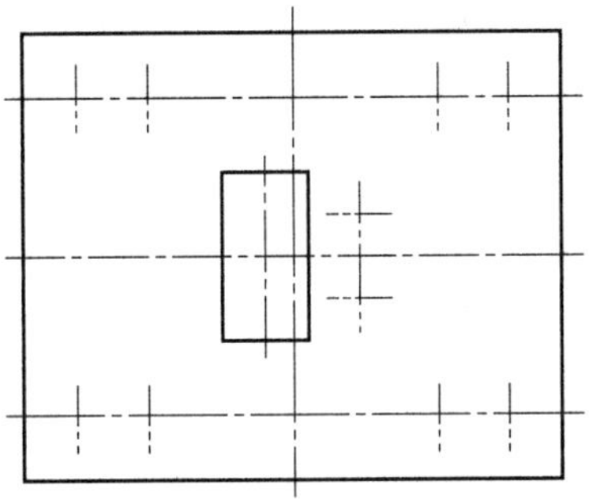
7	钻孔和铣方形孔	钻 2 个冲孔凸模固定孔 ϕ8mm，铣落料凸模固定孔 32mm×18mm，并在孔壁加工深 1～2mm 的任意沟槽	立铣床	

图 2-6 所示导料板加工工艺卡见表 2-6。

表 2-6　导料板加工工艺卡

序号	工序名称	工序内容	设备	工序简图
1	下料	锯棒料为 ϕ30mm×85mm，留单面锻造余量 4mm	锯床	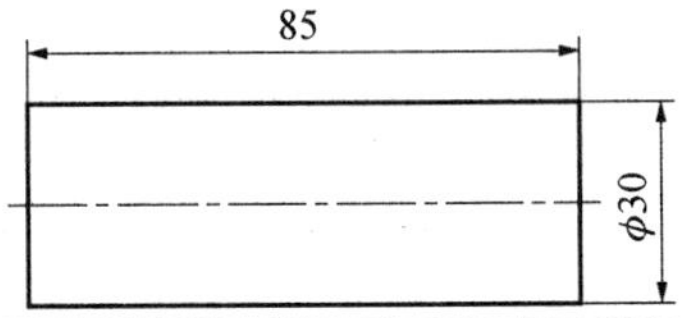 (85, ϕ30)
2	锻造	锻造 2 个长方体 106mm×29mm×16mm，留单面刨削余量 3mm	锻床	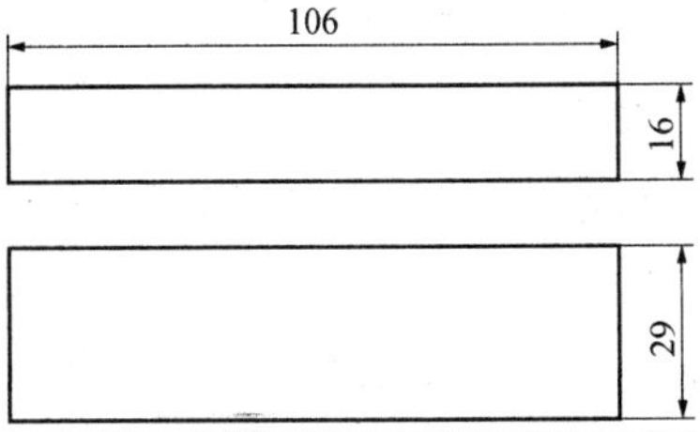 (106, 16, 29)

续表

序号	工序名称	工序内容	设备	工序简图
3	热处理	退火		
4	粗刨	刨两个长方体 101mm×24mm×11mm，留单面磨削余量 0.5mm	刨床	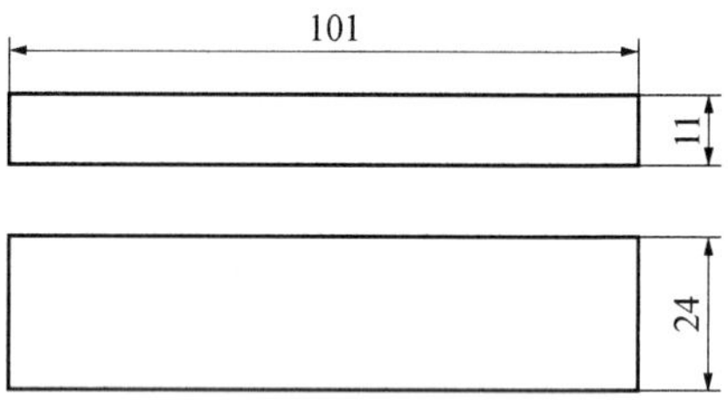
5	磨平面	磨两导料板上、下底面和侧面达尺寸	平面磨床	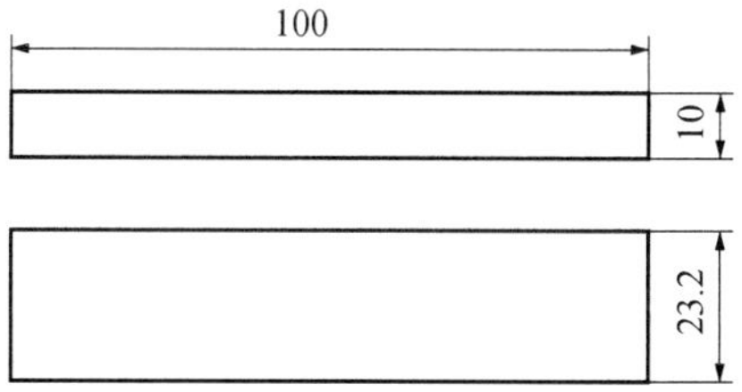
6	钳工划线	1）画出两导料板螺孔和销孔中心线 2）画出两导料板倒角轮廓线 3）在前导料板画出始用挡料销活动槽的轮廓线，并钻、攻 M6 限位螺钉的螺孔，如右图所示		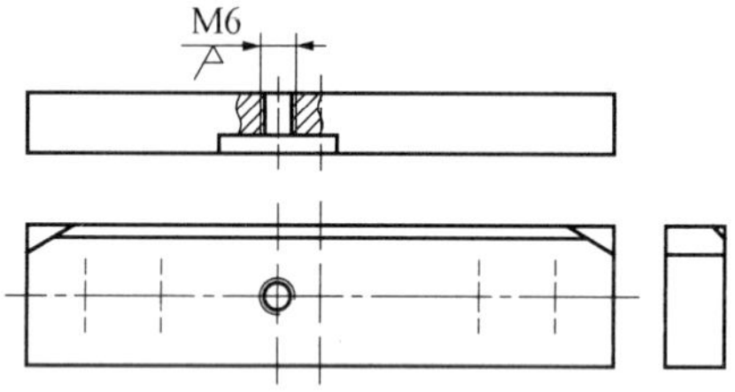
7	刨削	1）刨削加工两导料板的倒角 2）在前导料板刨削加工始用挡料销的活动槽，如右图所示	刨床	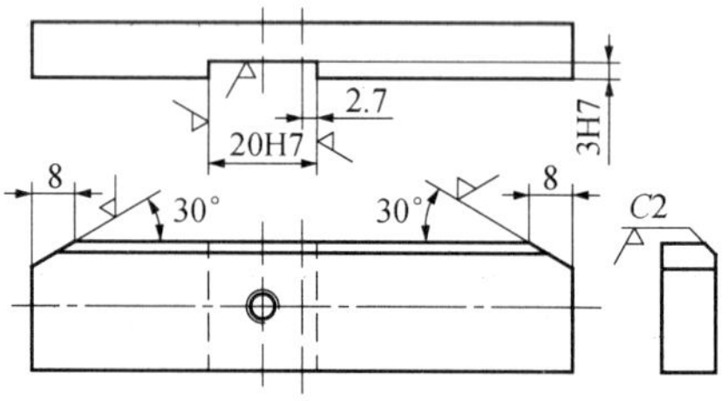

三、冲孔—落料连续冲裁模的装配

1. 把凸模黏结在固定板上

步骤 1 用丙酮或汽油清洗凸模 1、20 和固定板 9 孔的待黏结部分（图 2-1）。

步骤 2 按图 2-11 所示，把垫板 10、固定板 9、凹模 3 依次倒放，在凹模和固定板之间放置等高垫块，各凸模分别插入两板型孔内，并使各凸模插入凹模型孔 3～5mm，凹模型孔和凸模之间放置均匀垫片，使各凸模与凹模型孔周边间隙均匀，然后用平行夹具把凹模、垫块、固定板和垫板一起夹紧。

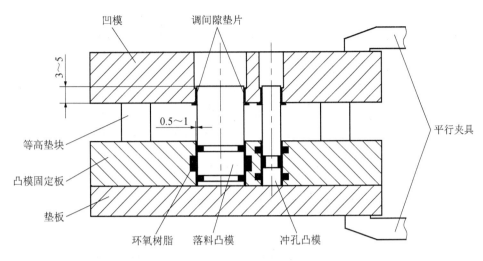

图 2-11　环氧树脂黏结固定凸模

步骤 3　配制环氧树脂黏结液（配制方法见后文的"知识链接"），接着向凸模和固定孔之间浇注已配制好的环氧树脂黏结液，待 24 小时后固化，然后拆出并清除多余树脂。

步骤 4　将落料凸模 1 的两孔压入两导正销 5，然后把凸模和导正销的上端面与固定板上平面一起磨平。

2. 下模座漏料孔的加工（注：在凹模加工中已把下模连接螺钉、销孔加工好）

步骤 1　用螺钉把下模座 2、凹模 3、导料板 17 连接紧，然后按各凹模型孔在下模座划出相应漏料孔轮廓。

步骤 2　拆开后，在下模座 2 钻或铣出漏料孔，使漏料孔比相应的型孔单面大 1～2mm。

3. 上模装配

步骤 1　把凹模 3 放置在下模座 2 上，找正后打入定位销，用螺钉和螺母把下凹模紧压在下模座 2 上，如图 2-12 所示。

步骤 2　把凸模固定板 9 的凸模分别插入凹模型腔内，在固定板和凹模之间放置等高垫块，使凸模插入凹模 2～4mm。通过导柱和导套导向，在固定板上放置垫板 10 和上模座 11，找正后用平行夹具把固定板、垫板、上模座一起夹紧，如图 2-12 所示。

步骤 3　把夹紧的上模取出并翻转过来，按在固定板已划出的螺孔中心位置，在上模 3 板上一起配钻 4 个 M6 螺孔的底孔 ϕ5.2mm。

步骤 4　按垫板外轮廓，在上模座下底面印划出模板的外形，以便找出模柄孔的位置。

步骤 5　拆开后，在固定板攻 4 个 M6 螺孔，在垫板和上模座扩 4 个 ϕ6.3mm 通螺孔，再在上模座上端扩 4 个沉孔 ϕ10.5mm，深 6.5mm。

步骤 6　按上模座划出的模板外轮廓线找出模柄中心孔位置，加工出 ϕ32mm 孔，并保证与模柄配合为 M7/h6。接着加工凸肩孔，然后把模柄压入上模座孔内后，一起磨平下底面。

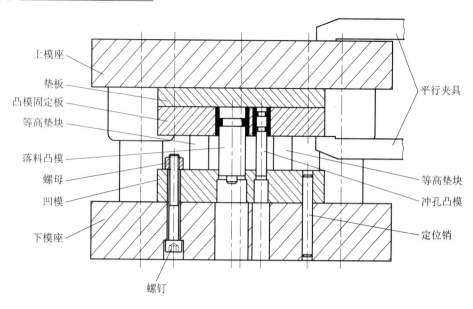

图 2-12　用下模凹模对凸模粗定位后，配钻上模的螺孔底孔

步骤 7　在已装的下模上面放置等高垫块，将固定板的凸模分别插入凹模型孔 2～4mm，在上面放置垫板和上模座后，用螺钉将上模 3 板稍连接紧，然后在下模座漏料孔放置灯泡，如图 2-13 所示。从上面观察凸模与凹模型孔周边间隙，用锤子轻敲凸模固定板来调整凸模和凹模周边间隙，使周边间隙均匀后，上紧连接螺钉，取走等高垫块，在凹模上面放置纸片，用锤敲击上模，冲裁出纸制件，观察冲出制件毛刺情况来判断周边间隙是否均匀。如周边间隙不均匀，则稍拧松连接螺钉，重新调整间隙。如周边间隙均匀，再拧紧螺钉，在上模 3 板上一起钻、铰 4 个 ϕ6mm 定位销孔，然后压入定位销。

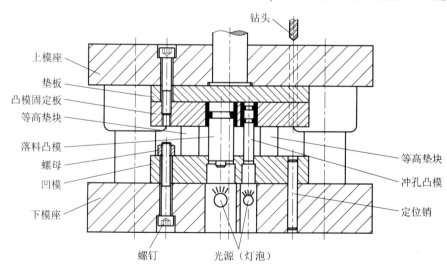

图 2-13　用透光法调整凸模和凹模的周边间隙均匀后，在上模 3 板配钻、铰定位销孔

4. 卸料板装配

把卸料板 6 套入已装配的上模的凸模，并调整凸模使其与卸料板的周边间隙均匀，如图 2-14 所示，然后用夹具把卸料板和上模夹紧，在 4 个板上配钻 2 个卸料螺孔底孔 $\phi 5.2$mm。

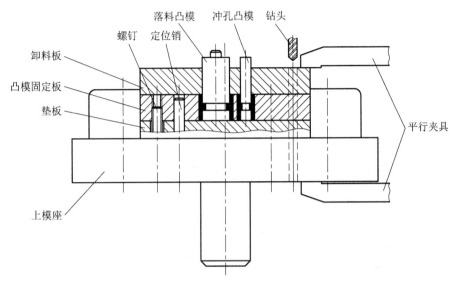

图 2-14　把卸料板套入上模的凸模定位并夹紧，在上模 4 板中配钻卸料板螺孔底孔

拆开后，在卸料板上攻 2 个 M6 螺孔，在垫板 10 和凸模固定板 9 上扩 2 个 $\phi 8.5$mm 螺孔通孔，在上模座上面扩 2 个 $\phi 12.5$mm 沉孔。

用卸料螺钉 7 把卸料板 6 和橡胶 8 安装在上模上，上模装配完成。

5. 导料板和下模装配

拆开装配时用于压紧凹模和下模座的螺母和螺钉，在凹模压入固定挡料销 4。把限位螺钉 21 和始用挡料销 22 装入前导料板 17 中，然后用螺钉和定位销把下模导料板、凹模、下模座装配好，下模装配完成。

6. 试冲

把已装配好的连续模安装在压力机上。

剪出厚度为 1.5mm、宽度为 33.6mm 的 10 号钢条料，把条料放在下模上，利用两导料板导向，先用手按压始用挡料销使其伸出并对条料进行定位，然后用手扳动压力机飞轮，使压力机滑块带着上模进行第一次冲裁。第一次冲裁在条料上冲出孔，然后放开始用挡料销，使其缩回导料板内，接着把条料前端推到顶着固定挡料销的位置并固定后，再进行第二次冲裁。在第二次冲出的制件上，即可检查出该制件是否达到图 2-1 所示右上角冲裁件的精度要求。

在试模时，如果出现某些缺陷或故障，可根据观察到的故障现象在表 2-8 中查出其产生原因和修改方法，对模具进行整改。

做后再思量

1. 为了保证图 2-1 连续模的各凸模都能准确对准相应的凹模型孔，本制造方案中采用了将各凸模插入相应凹模型孔定位后，将凸模黏结固定凸模固定板的方法，其实也可以采用电火花线切割机床在凸模固定板上加工出固定各凸模相应的型孔来固定各凸模的方法。但这种方法在凹模和凸模固定板的型孔线切割加工前，必须在两板加工出统一的互相垂直的基准面。请编制出统一基准面的加工工艺过程（提示：想方法使两板相对位置固定后磨两侧面）。

2. 为了保证图 2-1 所示的连续模的各凸模都能准确对准相应的凹模型孔，也可以采用以各凸模为基准逐个压印锉修的方法来加工凸模固定板各固定孔，下面有两个压印锉修凸模固定板的固定型孔的方案，请将两个方案做一比较，确定哪个方案较好。

方案 1 先以落料方形凸模为基准，在凸模固定板上压印锉修出固定孔，使它们配合为 M7/h6，然后把落料凸模压入凹模型孔和凸模固定板的固定孔，在落料凸模和凹模孔周边之间插入相当间隙厚度的薄片，用平行夹具将凹模板与固定板夹紧，如图 2-15（a）所示。然后通过凹模中两个冲孔模型孔导向，以冲孔凸模为基准，在凸模固定板压印锉修出两个固定孔，使它们配合为 M7/h6。

方案 2 先以冲圆孔凸模为基准，在凸模固定板压印锉修出一个固定孔，使它们配合为 M7/h6，然后把此冲孔凸模压入凹模型孔和凸模固定板的固定孔，在冲孔凸模和凹模孔周边之间插入相当间隙厚度的薄片，用平行夹具将凹模板与固定板夹紧，通过凹模的型孔导向，先后以落料凸模和另一支冲孔凸模为基准，在凸模固定板上压印出固定孔，使它们配合为 M7/h6，如图 2-15（b）所示。

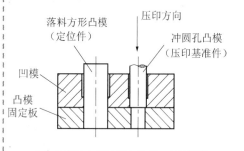

（a）以落料方形凸模定位后，在凸模固定板上压印两个冲圆孔凸模的固定孔

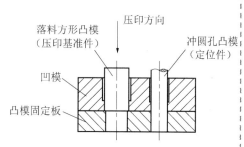

（b）以一个冲圆孔凸模定位后，在凸模固定板上压印落料凸模和另一支冲孔凸模的固定孔

图 2-15　通过凹模型孔导向在固定板上压印锉修凸模固定孔的两个方案

（提示：①第一个压印型孔应是方向性较强且较大的孔，因而才能为后续压印锉修提供稳定定位基准。②因后续压印要通过凹模导向，压印较麻烦，故尽量减少后续压印时的锉修余量。）

3. 将图 2-1 所示的连续模安装在压力机试冲，发现冲裁件出现下面质量问题，请分析产生质量问题的原因，并提出相应修理补救措施。

1）冲裁件在送料方向前沿边到孔壁之间材料拱起不平，而侧沿边到孔壁之间材料较平整。（提示：参考本项目的"知识链接"）。

2）冲裁件的沿两孔周围的材料拱起不平。（想一想：如果导正销比冲出孔稍大或它们之间间隙极小，冲裁时，导正销先插入制件孔内，后从孔内拔出，会引起制件孔周边材料产生什么现象？）

考核评价

完成制造的安装任务后，请按表 2-7 对其成果进行考核评价，总评成绩可分为 5 个等级，即优、良、中、合格和不合格。

表 2-7　制造冲孔—落料连续冲裁模的考核评价表

评价项目	评价内容标准	配分	评价结果		
			自评	组评	教师评
零件加工和模具装配方案的合理性	1）制定的机加工和模具装配方案合理，能保证模具质量，并能结合实习车间的设备实际	20			
	2）制定的工艺方案具有良好经济效益和可操作性	5			
	3）制定的工艺方案条理清楚，工序尺寸标注完整、合理	5			
模具制造质量（通过检测该模具冲出的制件得出）	1）冲制件内外形尺寸在图样允许的尺寸范围	20			
	2）冲制件冲裁毛刺高度≤0.15mm	10			
	3）冲制件断面的表面粗糙度值≤$Ra3.2\mu m$	10			
完成制造任务的速度和工作态度	1）按时完成机加工和装配任务	10			
	2）操作机床加工和装配的熟练程度	10			
	3）能与同学交流加工方法和装配经验，协作精神好	5			
	4）遵守车间安全操作规程	5			
综合评价	评语（优缺点与改进措施）：	合计			
		总评成绩（等级）			

知识链接

一、保证多凸模与相应凹模型孔准确对准的工艺方法

连续模是多凸模的模具，制造多凸模模具的难点就是如何保证各凸模都准确对准相应凹模型孔。下面介绍两种解决方法。

一种方法是在加工时，使固定板各凸模固定孔中心的距离与相应凹模型孔中心的距离都保持一致。例如，数控线切割机床在统一基准（坐标）下加工凹模各型孔和凸模固定板的各固定孔。加工后固定板的孔压入所有凸模，这样才可以准确对准相应凹模型孔。

另一种方法就是以各凹模型孔对相应的凸模定位后黏结固定凸模。先扩大固定板的固定孔，使它与凸模单面间隙为 0.5～1mm，如图 2-11 所示。为防止黏结后脱出，可在固定孔壁和凸模黏结处加工出任意小的沟槽。接着用丙酮或汽油将固定孔和凸模黏结处进行清洗干净，然后把凹模、固定板、垫板倒放，在凹模和固定板之间放置等高垫块，使各凸模的尾部插入固定板的孔，凸模的前部垂直插入凹模 3～5mm，凸模和凹模型孔周边间隙放置垫片或涂层使周边间隙均匀，并用平行夹具将三板夹紧。最后把调配好的环氧树脂浇注固定孔和凸模之间的间隙，24 小时固化后即可使用。

常用环氧树脂黏结剂配方有 6101 环氧树脂（质量分数 43%）、邻苯二甲酸二丁酯（质量分数 9%）、铁粉（质量分数 43%）和乙二胺（质量分数 5%）。配制时，先将环氧树脂加热（不能超过 80℃），使其流动性增加，然后依次将铁粉、邻苯二甲酸二丁酯和乙二胺放入，搅拌均匀后即可浇注使用。

二、保证尺寸精度

在制造连续模时要保证挡料销固定孔到落料凹模孔的中心距离 C_1 和挡料销到导正销中心距离 C 的尺寸精度，如图 2-16 所示。

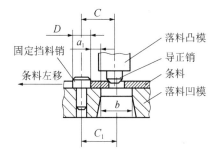

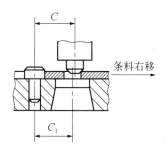

（a）当导正销到挡料销的中心距离 C 稍小于挡料销到条料孔的中心距离 C_1 时，导正销导正过程中，使条料左移，左移受挡料销阻挡

（b）当导正销到挡料销的中心距离 C 稍大于挡料销到条料孔的中心距离 C_1 时，则导正销导正过程中，使条料右移，右移不受阻挡

图 2-16　导正销导正时，条料移动的两种情况

在项目 1 中已知道，要想保证复合模冲裁件内、外形的位置精度，就必须提高凸凹模内孔相对于外形的位置精度，而在挡料销—导正销的连续模中，是利用挡料销和导正销对条料定位后进行冲裁的，因而两销相对于落料凹模的位置直接影响到连续模的冲裁件的内、外形位置精度。在制造连续模时，要注意提高挡料销固定孔到落料凹模孔的中心距离和装配后挡料销到导正销中心距离的尺寸精度。为达此目的，可采用精密的数控机床对落料凹模孔、冲孔凹模孔、挡料销固定孔、导正销进行加工。

如图 2-16 所示，在下凹模中，挡料销中心到条料已冲的孔中心距离 C_1 是挡料销大半径 $0.5D$、制件间搭边 a_1 和制件在送料方向一半长 $0.5b$ 的和，即

$$C_1 = 0.5D + a_1 + 0.5b$$

装配后挡料销中心到导正销中心的距离 C 也应等于 C_1，但是考虑到下面情况，还要对 C 值进行修正。由于存在制造误差和间隙，在冲裁时，挡料销到导正销中心的距离 C 与挡料销到条料毛坯孔中心的距离 C_1 稍有偏差，如图 2-16（a）所示。当导正销到挡料销的中心距离 C 稍小于挡料销到条料的孔的中心距离 C_1 时，则导正销插入毛坯孔导正时，其前锥面将与条料左孔壁接触而迫使条料左移。条料左移受到挡料销阻挡而被迫拱起，这样，冲制出来的制件就不平整。图 2-16（b）中的情况刚好与图 2-16（a）中的情况相反，即前两者的距离稍大于后两者的距离，在这种情况下，导正销插入条料孔导正时，它的前锥面就会与右孔壁接触而迫使条料右移，条料右移不受阻挡。基于上述情况，为了避免因导正销到挡料销的中心距离稍小而引起导正销导正时条料向左边的挡料销方向移动的情况产生，在计算导正销到挡料销的中心距离时，适当增加 0.1mm，使 $C=C_1+0.1mm$，即在落料凸模下端面加工导正销固定孔时，使固定孔的中心在凸模中心向送料方向反向偏移 0.1mm。

三、连续冲裁模试冲时可能出现的缺陷、原因和修改方法

具体见表 2-8。

表 2-8　连续冲裁模试冲时可能出现的缺陷、原因和修改方法

试冲出现的缺陷	产生原因	修改方法
冲裁件四周或孔的四周毛刺较大	1）凸模和凹模刃口不锋利或淬火硬度低 2）凸、凹模之间配合间隙过大	1）磨削凸模和凹模刃口，提高它们的硬度 2）调整减少凸、凹模之间的间隙
冲裁件一边毛刺很大，另一边凸、凹模相互磨损大	1）凸、凹模周边间隙不均匀 2）所有模座和模板安装不平行，致使凸模相对凹模面倾斜度大 3）凸模、导柱等的安装不垂直于下模，致使凸模相对凹模面倾斜度大	1）拆除上模螺钉和销钉，调整凸、凹模周边间隙均匀后，重新钻、铰销孔后安装上模销钉 2）拆开后，磨平各模板，重新装模 3）重新安装凸模或导柱
送料不通畅或条料被卡死	1）两导料板之间的尺寸过小或有斜度 2）凸模与卸料板孔之间间隙过大，当凸模退出条料时，引起条料的搭边拱起不平	1）锉大两导料板之间尺寸或重装导料板 2）减少凸模与卸料板孔之间的间隙

试冲出现的缺陷	产生原因	修改方法
冲裁完毕后，卸料板不能完全复位推出条料	1）凸模与卸料板孔配合过紧或卸料板倾斜，致使卸料板套死在凸模上 2）卸料螺钉与上模的通孔配合过紧，或卸料螺钉与下模倾斜，致使卸料螺钉卡死在通孔内 3）橡胶的弹力不足，致使推出力小于卸料力 4）卸料板复位行程不够，致使复位后凸模仍伸出卸料板上平面	1）扩大卸料板的通凸模孔或重装卸料板 2）扩大上模通孔，或重新安装卸料螺钉 3）更换或加厚橡胶，增加弹推力 4）加深卸料螺钉沉孔深度或加长卸料螺钉的长度
落料件和冲孔废料不能顺利排出，甚至凹模胀裂	1）凹模孔有上大下小的倒锥现象 2）下模座的漏料孔过小或与凹模孔对不准	1）修磨凹模孔，使凹模孔下孔口比上孔口大 2）锉大下模座的漏料孔，使其不会阻碍制件或废料排出
冲裁件孔周围向上拱起不平	导正钉与条料中冲出孔配合过紧，致使冲孔凸模拔出时冲裁件孔周边拱起不平	稍修磨小导正销外圆
冲裁件孔送料前沿部分拱起	导正钉与挡料销的距离过小，致使导正钉插入条料已冲孔时前沿的材料拱起不平	增加导正钉与挡料销距离约 0.1mm

3 项目

制造 U 形件弯曲模

>>>>

◎ **学习目标**

1. 了解凸模和凹模的镶拼结构形式和特点。

2. 熟练掌握铣削、刨削、磨削等各种机加工弯曲模具零件的工艺过程和技能。

3. 掌握装配弯曲模具的基本方法。

◎ **任务描述**

1. 制定 U 形件弯曲模（图 3-1）中各主要零件（图 3-2～图 3-7）的加工工艺方案，然后编制将这些零件和购买的零件装配成弯曲模的装配工艺路线。

2. 操作机床按所制定的加工工艺方案将这些零件加工出来，然后把加工出来的零件和购买零件装配成能压制出合格制件的弯曲模。

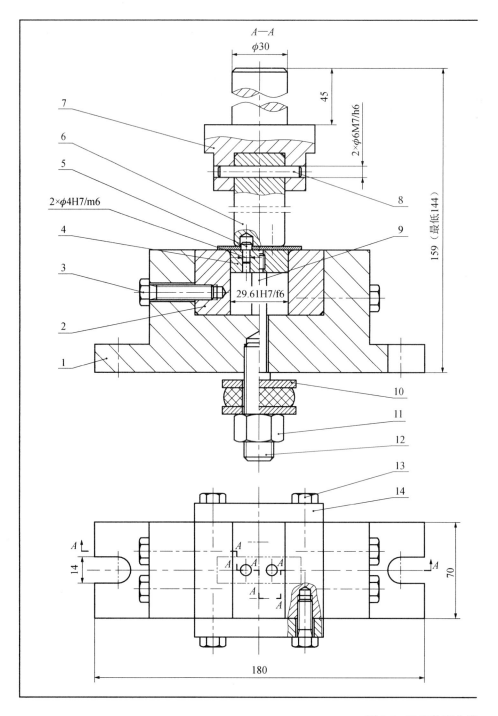

图 3-1　U 形件弯曲模

工件图

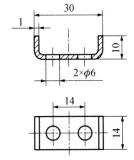

30

1

10

2×φ6

14

14

技术要求

1. 凸模与装配后凹模孔关系为：横向装配双边间隙为Z=2.2mm，纵向装配关系为H7/f6。
2. 顶件板四周与装配后的凹模孔的装配关系为H7/f6。

毛坯图

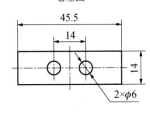

45.5

14

14

2×φ6

14	凹模拼板	2	45		
13	螺栓	4		GB/T 5783—2016	M8×20
12	螺杆	1	Q235		
11	螺母	1	45	GB/T 6170—2015	M12
10	托板	2	Q235		
9	顶杆	2	45		
8	固定销	2	45		φ6×50
7	模柄	1	45		
6	凸模	1	T10A		
5	定位销	2	45	JB/T 76059.5—2015	挡料销A6×4×2
4	顶件板	1	45		
3	螺栓	4	35	GB/T 5782—2016	M8×35
2	凹模块	2	T10A		
1	下模座	1	Q235		
序号	名称	数量	材料	标准	备注

U形件弯曲模		比例	1：1
		重量	
设计		日期	共　张
审核		日期	第1张
班级		学号	

总装配图

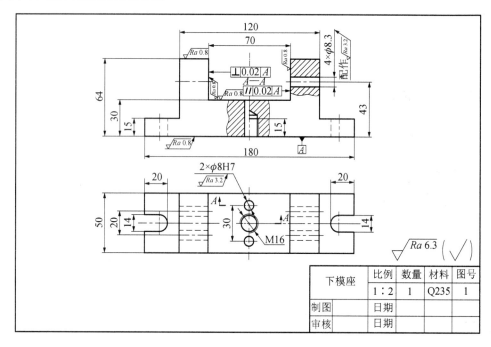

下模座	比例	数量	材料	图号
	1:2	1	Q235	1
制图	日期			
审核	日期			

图 3-2　下模座零件图

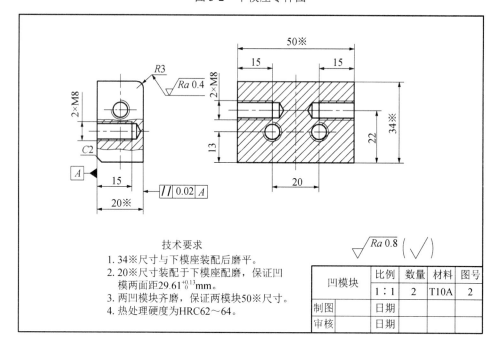

技术要求

1. 34※尺寸与下模座装配后磨平。
2. 20※尺寸装配于下模座配磨，保证凹模两面距29.61$_0^{+0.13}$mm。
3. 两凹模块齐磨，保证两模块50※尺寸。
4. 热处理硬度为HRC62～64。

凹模块	比例	数量	材料	图号
	1:1	2	T10A	2
制图	日期			
审核	日期			

图 3-3　凹模块零件图

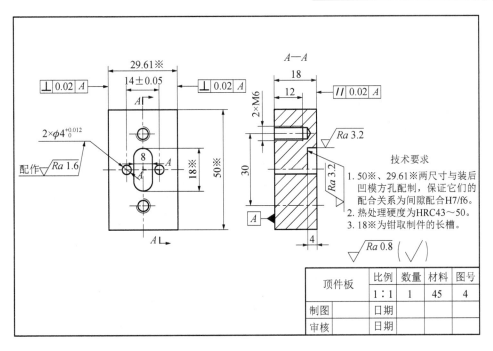

图 3-4　顶件板零件图

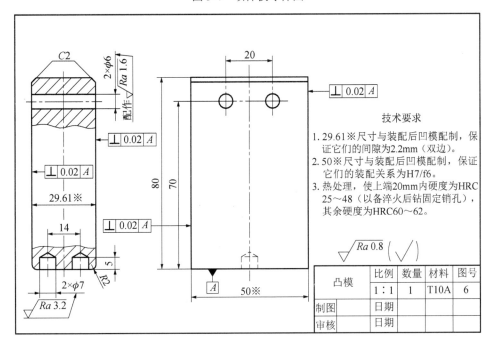

图 3-5　凸模零件图

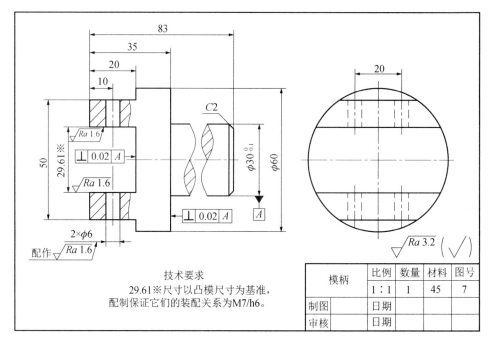

图 3-6　模柄零件图

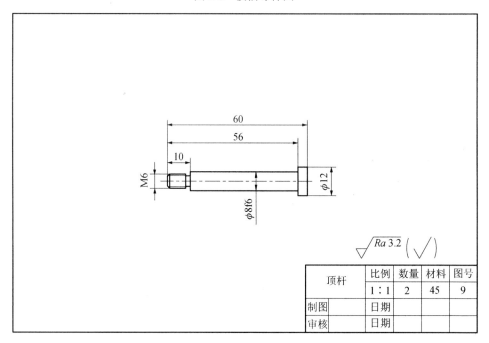

图 3-7　顶杆零件图

任务实施

一、工艺分析

识读模具图，对模具制造进行工艺分析，制定模具主要零件加工工艺路线和装配工艺过程。

U 形件弯曲模最重要的是如何保证冲压件弯曲角的精度。在图 3-1 中，为克服弯曲过程的回弹等因素影响，在试模时，要通过平面磨削来反复调整模具工作方向（横行）的凸模和凹模之间的间隙，以及它们工作侧壁面的角度。凸模 6 工作侧壁面磨削很容易，凸模加工工艺路线如下：

刨削方形毛坯→淬火→磨削工作侧壁面达角度要求，使其与凹模配合达到合适的间隙。

图 3-1 右上角标出了弯曲件的外形尺寸，是要求通过控制凹模横向两工作侧面之间尺寸来保证达到弯曲件外形尺寸精度要求。而凹模是内孔侧面，难以平面磨削，所以要通过平面磨削两凹模块 2 两工作侧面，凹模块 2 加工路线如下：

刨削长方形毛坯→淬火→把两凹模块 2 放进下模座 1 的孔内，实际测量两侧面距离后，计算确定磨削两凹模块厚度范围→取出两凹模块磨削平面，使其横方向厚度在计算出的范围内。

本模具是没有导柱的敞开模，装配较简单，上模和下模可分别安装，只有把模具安装在压力机上，才调整上模和下模的相对位置。

 三思而后行

1. 对于本例标注外形尺寸的 U 形弯曲工件，在制造弯曲模时应该先加工凸模还是凹模？为什么？（提示：要保证弯曲件的尺寸是外形尺寸还是内形尺寸？）

2. 图 3-1 中的 U 形件弯曲凹模孔，哪个方向的尺寸精度要求较高？如采用本设计拼合模，在加工时，应采用什么方法来保证这种精度要求？（提示：考虑哪个方向尺寸保证弯曲件尺寸精度，哪个尺寸精度就要求高。）

3. 本设计的凹模四拼块能否都采用螺栓连接固定？为什么？（提示：横向两凹模块如仅用螺栓连接固定，两凹模块能否承受起弯曲时横向挤压力而不位移？）

二、制定模具主要零件的机加工工艺卡

下面各表为图 3-1 所示 U 形件弯曲模各零件的加工工艺卡,其中工序图中 √ 所指的面为本工序的加工面,加工余量查附表 4 可得。

图 3-2 所示下模座的加工工艺卡见表 3-1。

表 3-1　下模座的加工工艺卡

序号	工序名称	工序内容	设备	工序简图
1	备料	锯料 φ80mm×87mm,留单面锻打余量 4mm	锯床	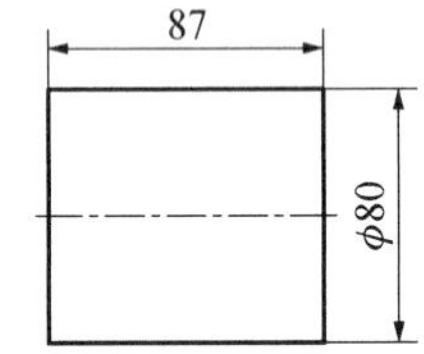 87 / φ80
2	锻造	锻成右图长方体毛坯,留单面刨削余量 3mm		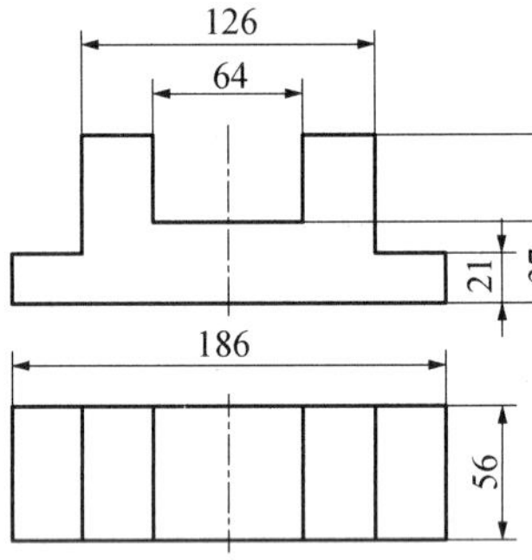 126 / 64 / 70 / 37 / 21 / 186 / 56
3	热处理	退火		
4	刨削平面	刨各个面,磨削处留单面磨削余量为 0.5mm,保证零件图要求的平行度和垂直度	刨床	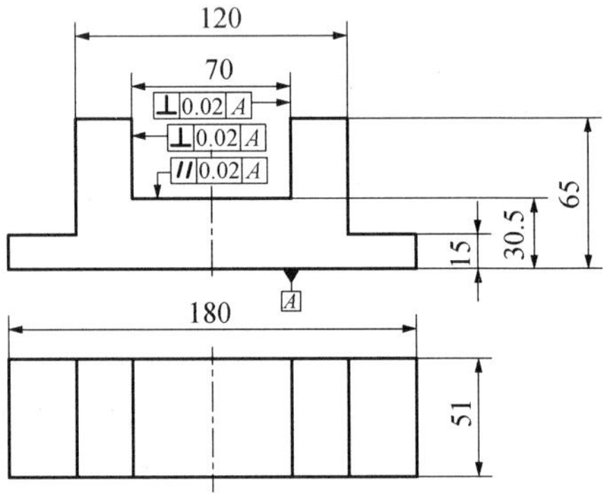 120 / 70 / ⊥ 0.02 A / ⊥ 0.02 A / ∥ 0.02 A / 65 / 15 / 30.5 / 180 / A / 51
5	钳工划线	画出安装槽、各孔位置线		
6	铣削	铣两安装槽 14mm×20mm		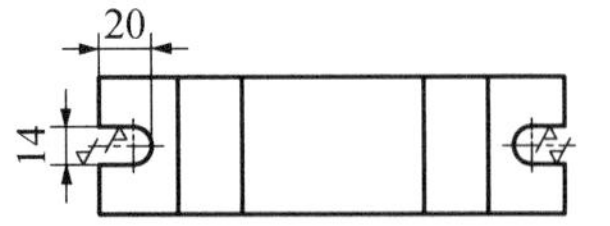 20 / 14

图 3-3 所示凹模块加工工艺卡见表 3-2。

表 3-2　凹模块加工工艺卡

序号	工序名称	工序内容	设备	工序简图
1	下料	锯两件棒料，尺寸为 ϕ48mm×56mm，留单面铣削余量为 3mm	锯床	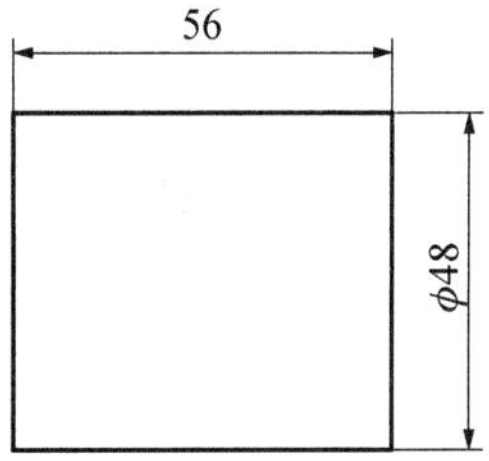
2	铣长方体	1）铣两长方体，尺寸为 20.8mm×34.8mm×50.8mm，留单面磨削余量 0.4mm 2）铣 R3mm 圆角（用半径样板检验），倒角 C2	铣床	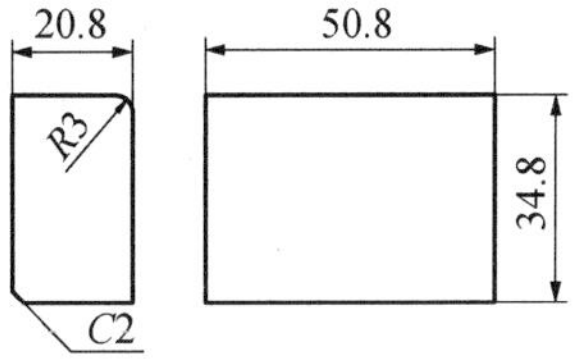
3	加工两凹模块与下模座连接螺孔	1）加工左凹模块与下模座连接螺孔 ① 把左凹模块的底和侧面分别与下模座两面紧贴，找正后夹紧，如右图所示 ② 用 ϕ6.8mm 钻头在下模座左侧面和左凹模块钻 2 个螺孔的底孔 ③ 拆开，在下模座扩 ϕ8.5mm 通螺孔，在左凹模块攻 M8 螺孔 2）用上面的方法加工出右凹模块与下模座连接螺孔 3）在凹模块和下模座对应位置分别打上字码，以便以后装配时能分辨左、右模块	钻床	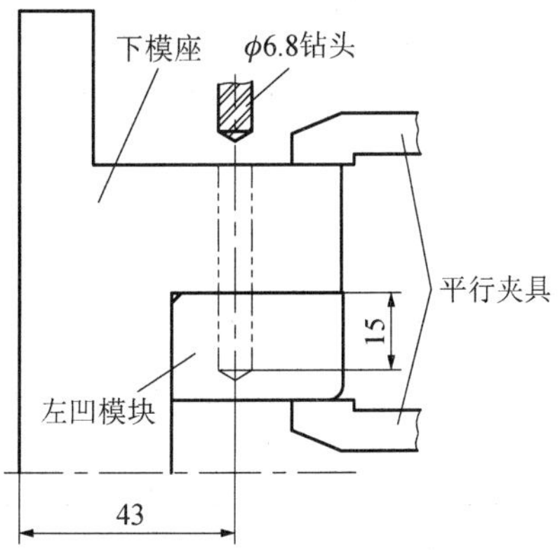
4	加工凹模块与凹模拼板连接螺孔	1）用螺栓将两凹模块稍紧连接在下模座内，对齐调正后，再拧紧螺栓 2）在凹模两端分别放置前、后凹模拼板调正后，用平行夹具将两拼板压紧在两凹模两端，如右图所示 3）在拼板和凹模块上一起钻 ϕ6.8mm 的螺孔底孔 4）拆开后，在两拼板扩 4 个 ϕ8.5mm 通螺孔，在凹模块攻 4 个 M8 螺孔	钻床	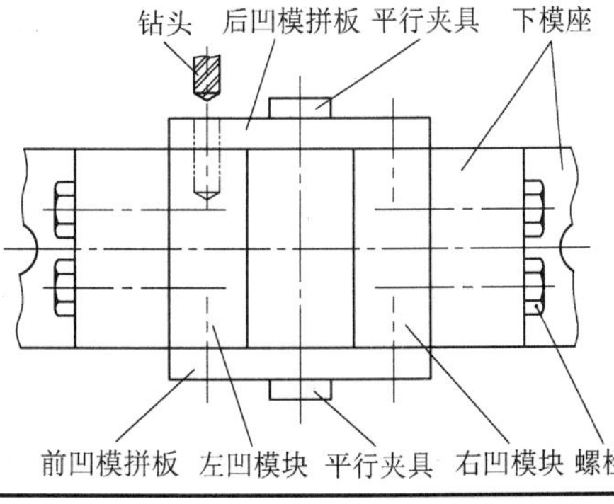

续表

序号	工序名称	工序内容	设备	工序简图
5	热处理	淬火、回火，使硬度达HRC62～64		
6	精修圆角	研磨精修 R3mm 圆角（用半径样板检验），并抛光达表面粗糙度值 Ra0.4μm		
7	磨削凹模块	1）两凹模块一起磨下底 2）两凹模块一起磨左右两侧，保证底与侧面垂直，而且要求两凹模块如右图所示放置在下模座中，它们两侧面的距离为 $29.61^{+0.13}_{0}$mm	平面磨床	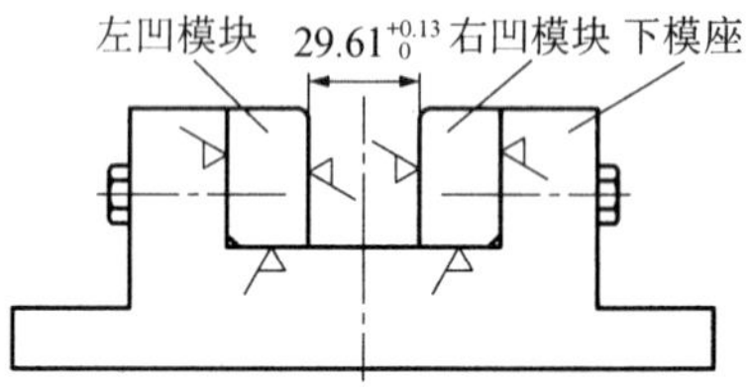 左凹模块 $29.61^{+0.13}_{0}$ 右凹模块 下模座
8	磨凹模块和下模座的上下平面和前后侧面	1）用螺栓将两凹模块稍紧连接在下模座，调正后，拧紧螺栓 2）一起磨平已装好的凹模块和下模座的上下平面和前后两侧，达尺寸 64mm 和 50mm	平面磨床	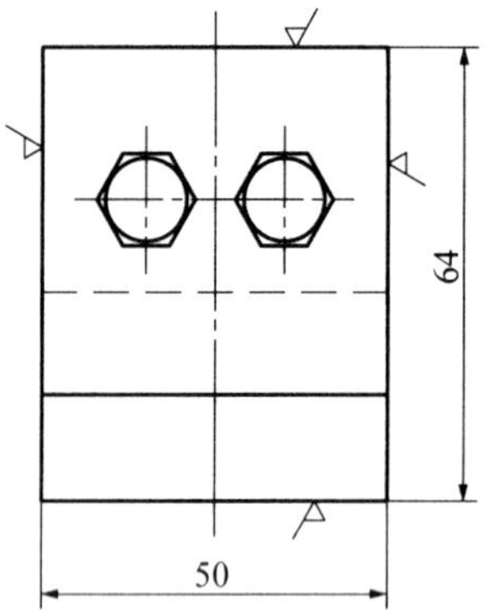 64 / 50
9	安装凹模拼板	用螺栓将两凹模拼块安装在下模座的凹模块的两端面，弯曲凹模孔 29.61mm×50mm 形成		

图 3-4 所示顶件板加工工艺卡见表 3-3。

表 3-3　顶件板加工工艺卡

序号	工序名称	工序内容	设备	工序简图
1	下料	锯棒料，尺寸 ϕ43mm×56mm，留单面铣削余量 3mm	锯床	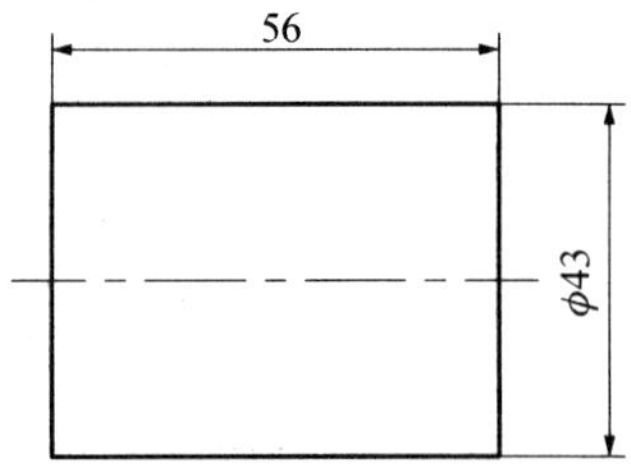 56 / ϕ43

续表

序号	工序名称	工序内容	设备	工序简图
2	铣六面	铣削六面体为 50.8mm×30.8mm×18.8mm，留单面磨削余量 0.4mm	铣床	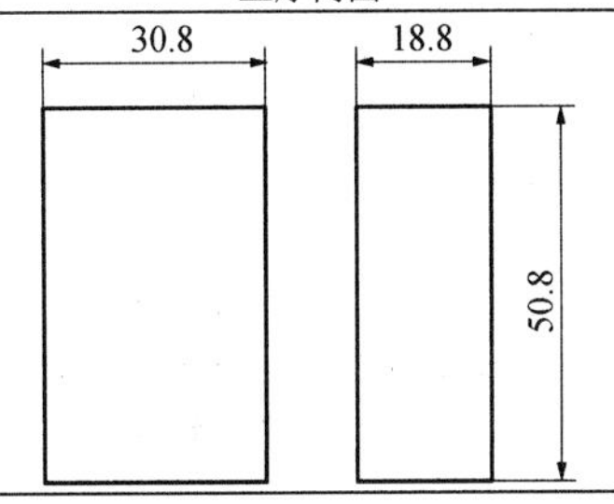
3	钳工划线	划出定位销钉孔的中心位置和钳取制件槽线		
4	铣槽和钻孔	1）铣削钳取制件槽达尺寸18mm×8mm×4mm 2）钻、铰两孔ϕ4mm	铣床、钻床	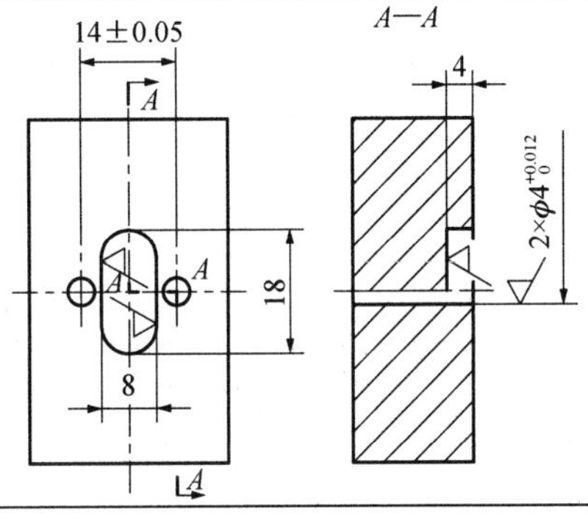
5	热处理	淬火，使硬度达 HRC43～50		
6	磨削	1）先磨削两底达尺寸18mm 2）以装配好的凹模孔为基准来配磨侧面 29.61※mm 和50※mm，保证它们的装配关系为 H7/f6	磨床	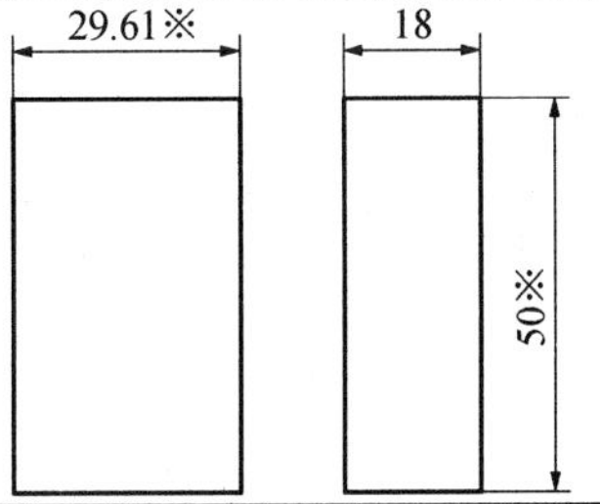

图 3-5 所示凸模加工工艺卡见表 3-4。

表 3-4　凸模加工工艺卡

序号	工序名称	工序内容	设备	工序简图
1	下料	锯棒料 ϕ65mm×86mm，留单面铣削余量 3mm	锯床	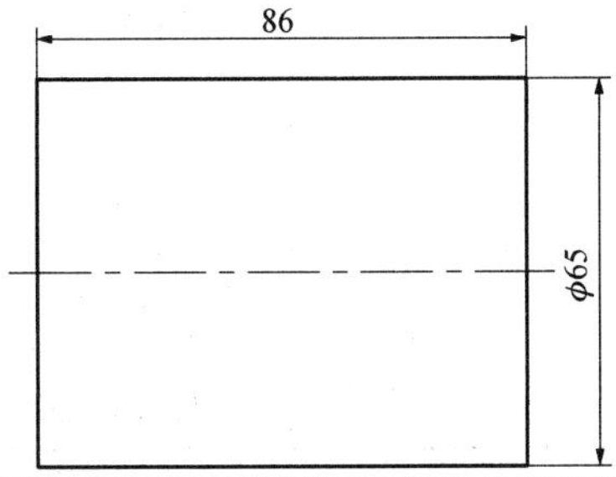

序号	工序名称	工序内容	设备	工序简图
2	铣长方体	铣六面，至尺寸 28.8mm× 50.8mm×80.8mm，留单面磨削余量 0.4mm	铣床	
3	钳工钻孔和倒角	1）划线钻 2 个 $\phi7$mm×5mm 孔 2）精锉 $R2$mm 圆弧（用半径样板检验） 3）倒角 $C2$	钻床	
4	热处理	淬火、回火，使离上端 20mm 内硬度达 HRC25～40，其余硬度达 HRC60～62		
5	磨平面	磨六面，其中 29.61mm×50mm 是以凹模孔为基准配制，29.61mm 尺寸与凹模孔配合双边间隙为 2.2mm，而 50mm 尺寸与凹模孔配合关系为 H7/f 6	磨床	
6	钳工精修圆角	研磨精修 $R2$mm 圆角（用半径样板检验），并抛光达表面粗糙度值 Ra0.4μm		

图 3-6 所示模柄加工工艺卡见表 3-5。

表 3-5　模柄加工工艺卡

序号	工序名称	工序内容	设备	工序简图
1	下料	锯棒料 ϕ66mm×89mm，留单面车削余量 3mm	锯床	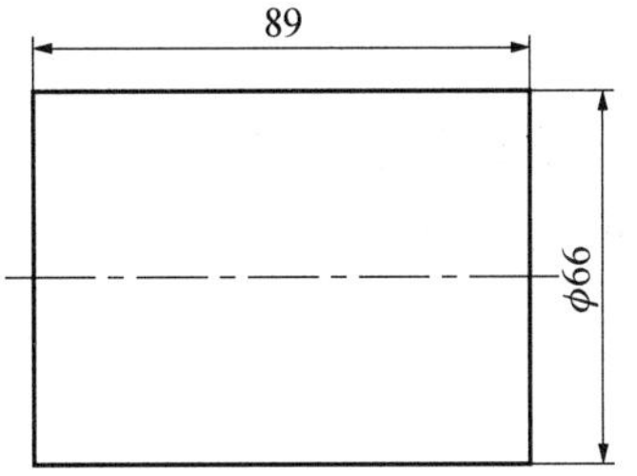
2	车外圆和端面	1）夹一头，车端面，车 ϕ60mm×35mm 2）掉头夹另一头，车端面，车 ϕ30mm×48mm，倒角 C2	普通卧式车床	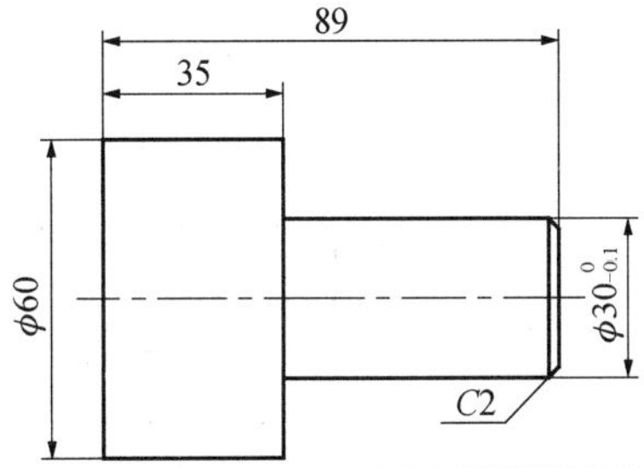
3	铣槽和平面	1）铣槽 29.61※mm，保证槽与凸模的装配关系为 M7/h6 2）铣两平面相距 50mm	铣床	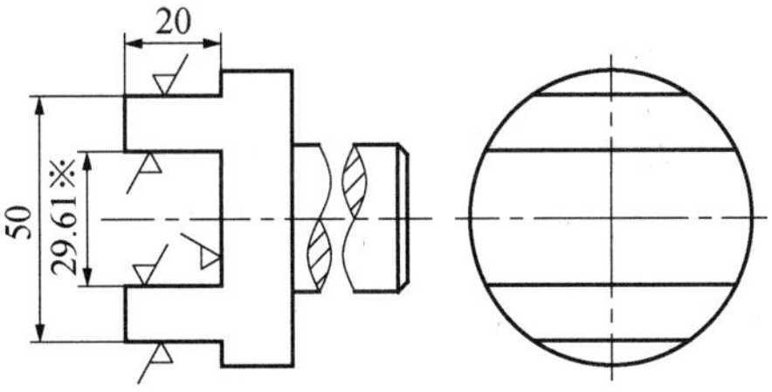

图 3-7 所示顶杆加工工艺卡见表 3-6。

表 3-6　顶杆加工工艺卡

序号	工序名称	工序内容	设备	工序简图
1	下料	锯棒料 ϕ18mm×68mm，径向留单面车削余量 3mm，长度方向留单面车削余量 4mm	锯床	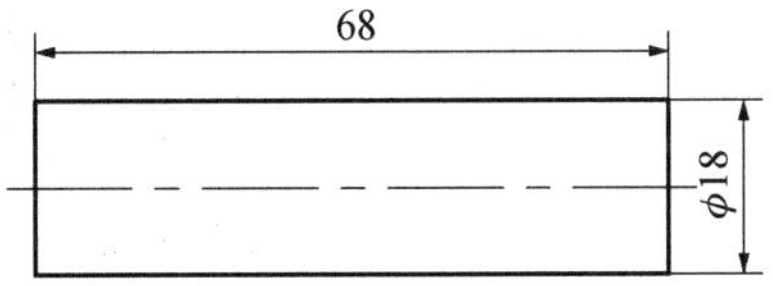
2	车外圆及铰螺纹	1）夹一头，分别车两端面及打中心孔 2）中心孔定位夹紧，车外圆及退刀槽、凸肩 3）夹持 ϕ8mm 处，用板牙套铰 M6 螺纹	普通卧式车床	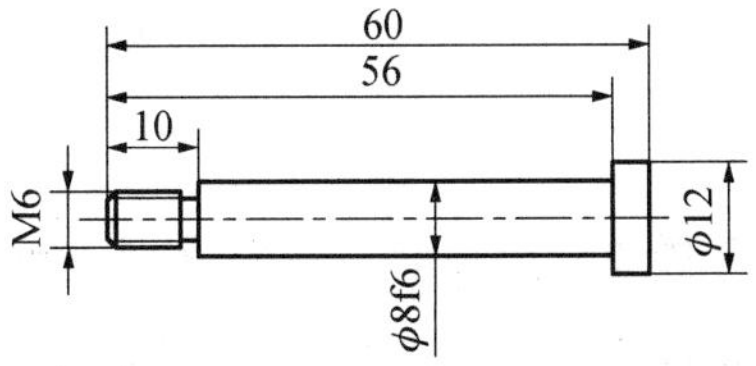

三、装配

把已加工好的模具零件和购得的零件按图 3-1 的技术要求装配成弯曲模。

1. 装配上模

把凸模上端插入模柄的固定槽内找正，用平行夹具夹紧，如图 3-8 所示，钻、铰 2 个 ϕ6mm 定位销孔，然后打入两定位销，上模装配完成。

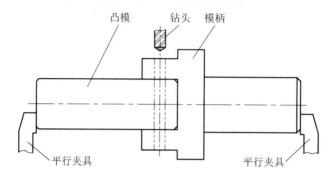

图 3-8　用平行夹具夹紧凸模和模柄钻、铰定位销孔

2. 装配下模

步骤 1　把顶件板放进已装配在下模座的凹模的孔内，用平行夹具通过垫块把它压紧在下模座平面上，并把它们倒放，如图 3-9 所示，在下模座底面找出两顶杆孔的中心位置。然后按这两个位置在下模座和顶件板上钻 2 个 ϕ5.3mm 螺纹底孔。

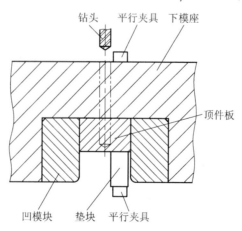

图 3-9　在下模座、顶件板配钻顶杆螺孔

步骤 2　拆开后，在顶件板上攻 2 个 M6 螺孔，在下模座上扩 2 个 ϕ8.3mm 孔，再在下模座下底中心处钻、攻 M12mm 螺孔。

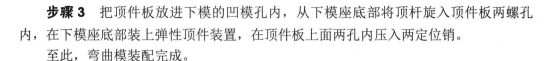

步骤 3　把顶件板放进下模的凹模孔内，从下模座底部将顶杆旋入顶件板两螺孔内，在下模座底部装上弹性顶件装置，在顶件板上面两孔内压入两定位销。

至此，弯曲模装配完成。

3. 试模并确定毛坯长度 L_0

用剪刀按图 3-1 右下毛坯图所示尺寸剪出毛坯长条，并钻两孔，然后利用已装上压力机的弯曲模对毛坯进行压弯，取出弯曲件对照图 3-1 右上工件图，检查两边长度是否达到要求，如达不到要求，就要改变毛坯 L_0 的长度，重新制作毛坯进行试压弯，直到弯曲件的尺寸达图样要求后，才确定毛坯长度 L_0。

在试模时，如果出现某些缺陷或故障，可根据观察到的故障现象在表 3-8 中查出其产生原因和修改方法，对模具进行整改。

做后再思量

1. 在本制造方案中，为什么在凹模块 2 的拼接背面中，仅加工出倒角，而没有采用减少拼接面积的措施？

2. 在用图 3-1 所示的模试冲压 U 形弯曲件时，分别出现制件回弹较少和回弹较大的两种情况，请根据回弹程度的大小分别从下面的几种改进措施中选择合适的措施。

1）将凸模弯曲角减少一个回弹角 $\Delta\alpha$。

2）增大凸模横向尺寸，减少凸、凹模之间的间隙。

3）微调压力机滑块带动凸模下降高度，增大校正弯曲程度。

4）将凸模下端面和顶件板上端面制成弧形曲面，压弯后，借助制件底部曲面部分伸直回弹引起两侧边向内的负回弹来抵消两侧边向外的正回弹。

3. 图 3-1 所示的拼合弯曲凹模也可以制成整体式，请根据实验车间现有设备写出整体式凹模的方形型孔加工过程，此时型孔转角处采用圆角过渡还是直角过渡？为什么？最后把整体式凹模和拼合式凹模做一对比。（提示：在结构紧凑程度、加工难易程度、热处理零件变形程度、是否便于维修更换等方面做比较。）

考核评价

完成制造 U 形件弯曲模的任务之后，请按表 3-7 对其成果进行考核评价，总评成绩可分为 5 个等级，即优、良、中、及格和不及格。

表 3-7　制造 U 形件弯曲模的考核评价表

评价项目	评价标准	配分	评价结果		
			自评	组评	教师评
制定的零件加工和模具装配方案的合理性	1）零件机加工和模具装配方案能保证零件加工及模具装配的质量，并能结合实习车间的设备实际	20			
	2）工艺方案具有良好的经济效益和可操作性	5			
	3）工艺方案条理清楚，工序尺寸合理	5			
模具制造质量（通过检测该模具冲压的弯曲件得出）	1）压弯件直边长度公差在±0.4mm 内	20			
	2）压弯件弯曲角公差在±3°内	20			
完成任务的速度和质量，以及工作态度	1）按时完成机加工和装配任务	10			
	2）操作机床和装配较熟练	10			
	3）能与同学交流加工方法和装配经验，协作精神好	5			
	4）遵守车间安全操作规程	5			
综合评价	评语（优缺点与改进措施）：	合计			
		总评成绩（等级）			

知识链接

一、镶拼凹模的结构形式和特点

在图 3-1 中，弯曲凹模采用的是镶拼结构。其实，这种结构常常用于解决模具零件加工困难或因热处理造成工件变形等难题。

镶拼结构一般有两种形式：一种是拼接式，它是将整体凹模分割成若干块后再拼接而成，属于这种形式的有图 3-1 的凹模和图 3-10 的（a）、（b）、（c）；另一种是镶嵌式，它是将局部凸出或凹入部分单独制成一块制件，再将其镶嵌入凹模的基本体内，如图 3-10（d）所示。

1. 镶拼的固定方法

01 热套法

热套法如图 3-10（a）所示，其框套件的内孔尺寸比拼合件的外形尺寸稍小，为了能将拼合体装入套内，必须把框套加热使其内孔胀大后，再套在拼合体上，后经冷却，框套的收缩内孔就会紧箍着拼合体，这种拼合体很牢固，拼合缝小。但在热套时，会使拼块受热，引起附加退火而降低凹模的硬度，且制造较为麻烦。

02 螺钉紧固法

图 3-1 所示的凹模和图 3-10（b）所示的拼接结构就属于这种形式。这种拼合不够牢固，但制造较易，且装拆方便。

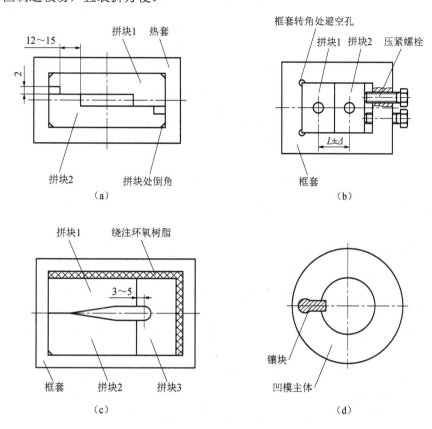

图 3-10　镶拼凹模结构的几种形式

03 环氧树脂和低熔点合金浇注法

图 3-10（c）所示的拼接结构就是利用在框套和拼合体之间浇注环氧树脂或低熔点合金，而使拼合块固定的。

04 锥套固定法

图 3-11 所示的镶拼结构就是利用锥套来固定拼接的凹模的，锥套的内孔和拼合体的外圆都是相同的圆锥，利用模座中螺钉的向下收紧拉力，使锥套内孔紧箍住拼合体。

2. 镶拼结构设计遵守的原则

1）尽量将孔内加工转变为外形加工，以便于机加工和热处理。在图 3-10（a）、（c）中，如果凹模做成整体式，则窄长的内孔加工需要立铣和钳工锉修，加工很困难，而且热处理后内孔变形大。现采用图中拼接结构，则拼块可用成形磨削加工，加工精度高，操作方便，而且由于拼块形状均匀，热处理变形也小。

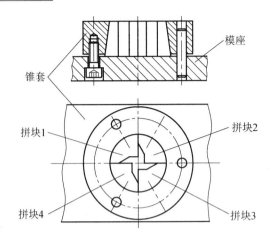

图 3-11　锥套固定的镶拼凹模

2）圆弧部分应尽量划分成一块，且拼合面要在离圆弧 3～5mm 的直线部分，如图 3-10（c）所示。

3）在转角、尖角处拼接，因尖角处加工困难且淬火易变形、易裂。每个拼块角度不应小于 90°，如图 3-10（c）所示。

4）工件中，个别拼接处的凹入或凸出且容易磨损的部分应单独做成镶块。图 3-10（d）中，把伸出圆孔的凸块做成镶块，然后把它镶嵌入圆孔凹模的槽内，这样既便于机加工，解决凸块淬火易裂的难题，而且在凸块长久使用磨损不能使用时可以更换，不用整个凹模报废。

5）应尽量沿轴线或对称线分割，以便得到形状和尺寸相同的拼块，从而可以一同磨削加工。图 3-1 所示的凹模和图 3-10（a）、图 3-11 所示的拼接零件中，被分割成若干块形状和尺寸相同的拼块，就可以一起铣削和磨削加工。

6）尽量减少拼接接触面积，以便减少加工工作量，使拼合紧密，拼接面的合适长度为 12～15mm，如图 3-10（a）所示。

7）为了避免套装时，因转角顶起而使框套内壁面与拼块处平面不能很好接触，常在拼块装配的转角处进行倒角或在框套转角处加工出避空圆孔。图 3-10（a）中的拼块转角处的倒角和图 3-10（b）中的框套转角处的避空圆孔就是这种情况。

3. 镶拼式凹模结构的特点

1）大型凹模分割成较小的一块块拼块后，方便采用现有较小型设备进行零件的锻造、机加工和热处理。

2）带有尖角的小孔的凹模分割成外形加工的拼块后，便于用刨削、铣削和磨削加工，有利于提高工件的加工精度。而且由于拼块断面均匀，可以减少其热处理时的变形和开裂。

3）选取易损坏的凸出部分作为镶嵌块，可以方便加工，减少或消除热处理时的变形和脆性，也便于维修与更换。

4）通过控制拼块磨削量的大小，达到凹模孔的高精度要求。如图 3-10（b）所示，可以通过控制两接合面的磨削余量的大小或调节垫片厚度的大小，可以使两孔距（$L\pm\Delta$）达到很高的精度。

5）一般镶拼凹模的结构较为庞大，零件数目较多，拼块的尺寸要求较为严格，工艺较为复杂。

二、通过控制磨削镶拼块的工序尺寸大小来达到镶拼凹模孔的尺寸精度要求

上述镶拼结构的优点之一就是可以通过控制磨削拼块的尺寸大小来达到镶拼凹模孔的尺寸精度要求。下面就以图 3-1 所示的拼合凹模为例，介绍如何控制磨削工序尺寸，才能达到镶拼凹模孔的尺寸精度要求。

该凹模孔的纵向尺寸的精度要求不高，只要把凹模块的前后两端面一起磨平就可以了。而孔的横面尺寸 $29.61^{+0.13}_{0}$ mm 的精度要求较高，我们要通过控制磨削拼块厚度 X 的大小来达到这一精度。为了更清楚地看到它们之间的关系，我们画出凹模横向尺寸的结构，如图 3-12 所示。

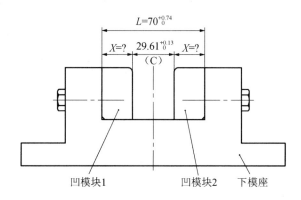

图 3-12 凹模横向尺寸结构图

下模座零件图中的 U 形口宽 $L=70$mm，没有标注公差，按 IT14 级取公差值为 0.74mm，即 $L=70^{+0.74}_{0}$ mm。如果下模座已加工后得实际 $L=70.30$mm，下面可根据图 3-12 来算一算磨削工序尺寸 X 应在什么范围内，才能保证装配后两凹模块横向距离 $C=29.61^{+0.13}_{0}$ mm。

当工序尺寸取最大值 X_{max} 时，得装配后两凹模块距离为最小 C_{min}，所以最大工序尺寸 $X_{max}=0.5(L-C_{min})=0.5\times(70.30-29.61)$mm $=20.35$mm。

当工序尺寸取最小值 X_{min} 时，得装配后两凹模块距离为最大 C_{max}，所以最小工序尺寸 $X_{min}=0.5(L-C_{max})=0.5\times(70.30-29.74)$mm $=20.28$mm。

所以磨削凹模时，只要控制工序尺寸 X 在 20.28～20.35mm 中，则可以保证装配后两凹模距离 $C=29.61^{+0.13}_{0}$ mm。

三、U 形件弯曲模试冲时的常见缺陷、产生原因和修改方法

具体见表 3-8。

表 3-8　U 形件弯曲模试冲时的常见缺陷、产生原因和修改方法

试冲时的常见缺陷	产生原因	修改方法
制件弯曲角达不到 90° 的精度要求	1）校正弯曲力过小，塑性变形小，致使制件压弯后回弹大，弯曲角过大 2）凸、凹模弯曲角过大，致使制件回弹后其弯曲角过大 3）凸、凹模弯曲角过小，致使制件塑件变形过大，其弯曲角过小 4）凸、凹模之间的间隙过大，塑性变形小，回弹使制件弯曲角过大 5）毛坯经冲压后产生冷作硬化，材料塑性差，回弹大，致使制件弯曲角过大	1）增大单位面积校正力或改凸模角部变形区为凸起，使校正力集中在变形部位 2）分别改小凸模和凹模的弯曲角 3）分别改大凸模和凹模的弯曲角 4）减少凸、凹模之间间隙 5）压弯前，对毛坯进行退火热处理，提高材料塑性
制件两边尺寸过长或过短	毛坯长度过长或过短	改变毛坯长度再试冲
制件弯曲位置有偏移	1）定位销与毛坯的孔之间的间隙过大，致使毛坯在冲压时产生偏移 2）冲压时压料力不足，致使冲压时，毛坯产生偏移	1）增大定位销外径，减少它与毛坯孔的间隙 2）增大下模的弹压力
制件表面擦伤	1）凹模圆角过小，冲压时刮伤制件表面 2）凹模圆角不够光滑 3）凸、凹模之间间隙过小或不均	1）增大凹模圆角半径 2）研磨抛光凹模圆角后涂上润滑剂 3）增大凸、凹模间隙和调整它们周边间隙均匀
制件的弯曲部位产生裂纹	1）板料因冲压冷作硬化，导致材料塑性差 2）弯曲线与板料的纤维方向平行 3）毛坯的毛刺或粗糙面在弯曲时向着凹模的外侧	1）将板料退火后再弯曲 2）改变落料毛坯排样，使弯曲线与板料纤维方向最好成 90° 角 3）弯曲时，使毛坯的毛刺和粗糙面向着凸模
压弯后，制件难以从凹模孔内取出	压弯后，因下模顶件弹力不足或顶件板顶出行程不够，导致顶件板不能将制件完全顶出凹模面	增加顶件弹力或增大两顶杆长度而使顶件板复位后高于凹模上平面
压弯后，制件被两定位销卡住，难以取出	1）定位销与毛坯孔之间的间隙过小 2）两定位销的距离与毛坯两孔的距离相差太大	1）磨削两定位销外径 2）调整两定位销之间的距离，使其与毛坯两孔的距离一致

4 项目

制造落料—拉深复合模

>>>>>

◎ 学习目标

1. 了解编制车削、磨削加工圆形模具零件的工艺过程，掌握车削、磨削加工模具零件的基本技能。

2. 了解拉深模装配的工艺过程，掌握装配落料—拉深复合模的基本技能。

◎ 任务描述

1. 制定落料—拉深复合模（图 4-1）中的主要零件（图 4-2～图 4-8）的加工工艺方案，编制将这些零件和购买的零件装配成复合模的装配工艺路线。

2. 按制订的加工工艺方案把落料—拉深复合模的主要零件加工出来，然后把加工出来的零件和购买的零件装配成能冲制出合格拉深件的模具。

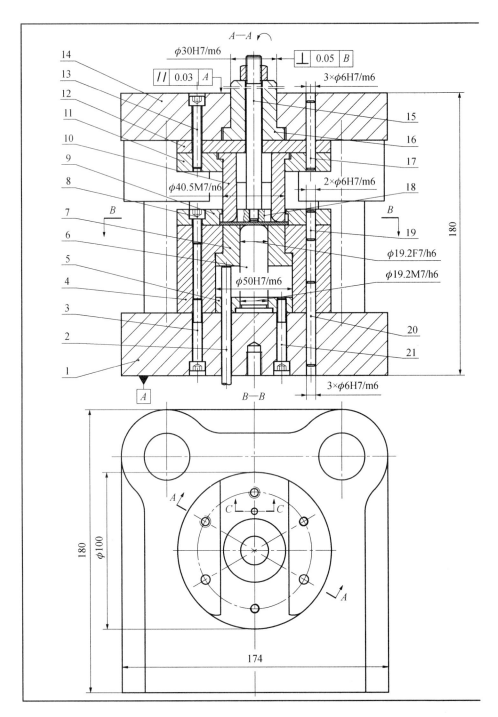

图 4-1　落料—拉深复合模

材料08钢

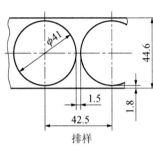

排样

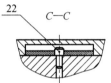

C—C

技术要求
1. 落料凸模和落料凹模双面间隙≤0.0246mm。
2. 落料凹模和拉深凸模的同轴度误差＜0.05mm。

22	挡料销	1	45	JB/T 7649.10—2008	A6×4×3
21	螺钉	3	35	GB/T 70.1—2008	M6×40
20	销	3	45	GB/T 119.1—2000	6m6×35
19	销	2	45	GB/T 119.1—2000	6m6×20
18	打料块	1	45		
17	销	3	45	GB/T 119.1—2000	6m6×45
16	模柄	1	Q235	JB/T 7646.1—2008	A30×78
15	打杆	1	45		
14	上模座	1	HT200	GB/T 2855.1—2008	100×100×30
13	螺钉	3	35	GB/T 70.1—2008	M6×40
12	垫板	1	45		HRC43~48
11	凸凹模固定板	1	45		
10	落料拉深凸凹模	1	CrWMn		HRC58~62
9	卸料板	1	45		
8	螺钉	2	35	GB/T 70.1—2008	M6×16
7	压边圈	1	45		HRC43~48
6	拉深凸模	1	CrWMn		HRC58~62
5	拉深凸模固定板	1	45		
4	落料凹模	1	CrWMn		HRC60~63
3	螺钉	3	35	GB/T 70.1—2008	M6×40
2	顶杆	3	45		HRC43~48
1	下模座	1	HT200	GB/T 2855.1—2008	100×100×40
序号	名称	数量	材料	标准	备注

圆筒罩的落料—拉深复合模		比例	1∶1.5
		重量	
设计		日期	共　张
审核		日期	第1张
班级		学号	

装配图（A）

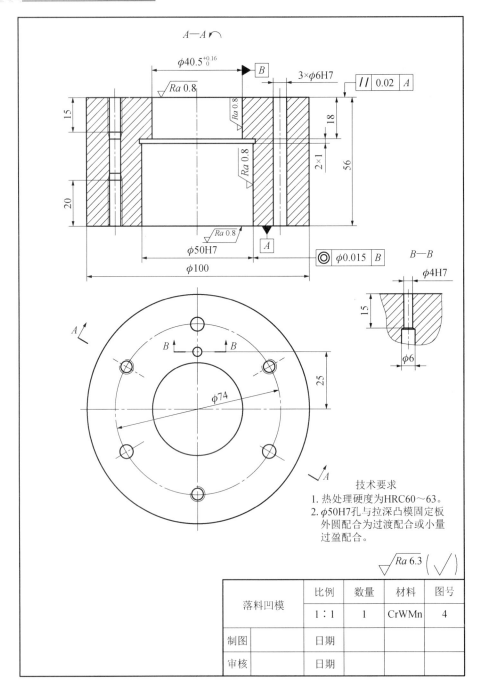

图 4-2 落料凹模零件图

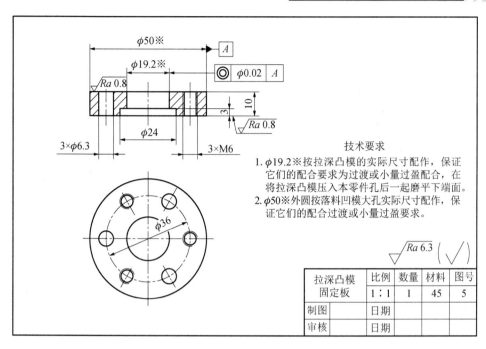

技术要求

1. φ19.2※按拉深凸模的实际尺寸配作，保证它们的配合要求为过渡或小量过盈配合，在将拉深凸模压入本零件孔后一起磨平下端面。

2. φ50※外圆按落料凹模大孔实际尺寸配作，保证它们的配合过渡或小量过盈要求。

拉深凸模 固定板	比例	数量	材料	图号
	1:1	1	45	5
制图		日期		
审核		日期		

图 4-3　拉深凸模固定板零件图

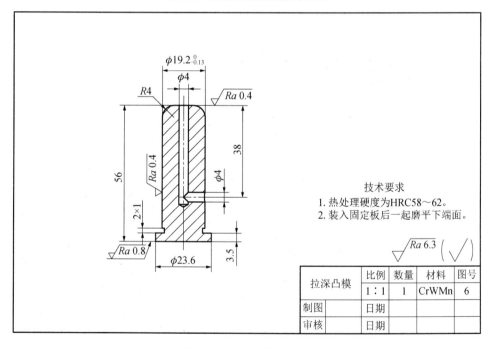

技术要求

1. 热处理硬度为HRC58～62。
2. 装入固定板后一起磨平下端面。

拉深凸模	比例	数量	材料	图号
	1:1	1	CrWMn	6
制图		日期		
审核		日期		

图 4-4　拉深凸模零件图

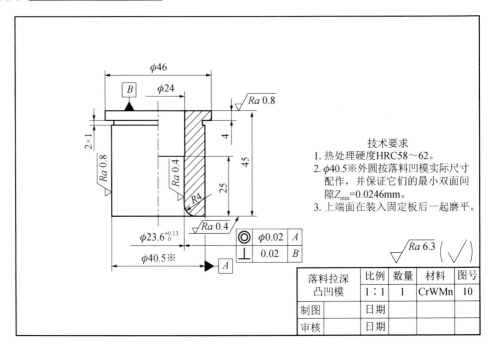

图 4-5　落料拉深凸凹模零件图

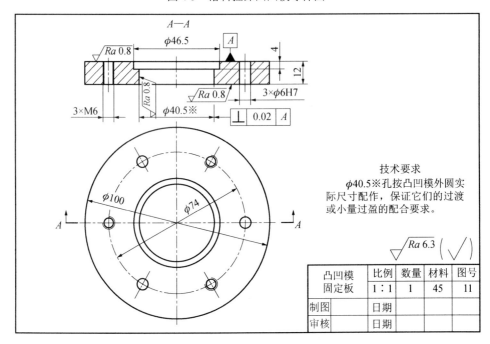

图 4-6　凸凹模固定板零件图

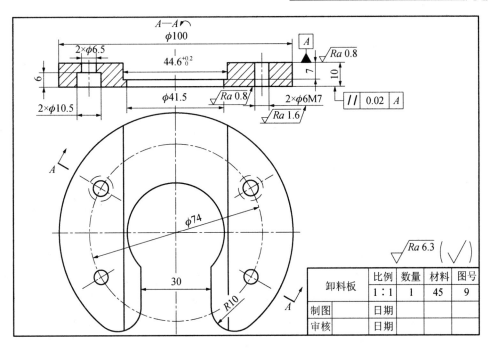

图 4-7　卸料板零件图

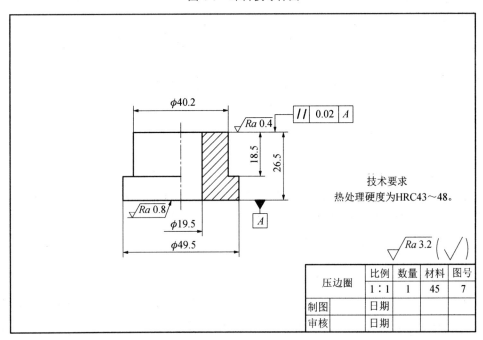

图 4-8　压边圈零件图

任务实施

一、工艺分析

识读模具图，对模具制造进行工艺分析，制定模具主要零件加工路线和模具装配方案。

1. 制定模具主要零件的加工工艺路线

从图 4-1 所示的技术要求可知，该落料—拉深复合模由落料模和拉深模组成。落料凹模 4 的型孔与凸凹模 10 外圆双面配合间隙≤0.0246mm。装配后落料凹模 4 型孔与拉深凸模 6 成形外圆的同轴度误差≤0.05mm，这个同轴度误差大小受到从拉深凸模到落料凹模的结构传递式的误差积累影响。为了减少装配后这个同轴度误差，必须提高相关零件相关面的位置精度和它们的配合精度。具体是提高以下节点的精度：拉深凸模 6 与拉深凸模固定板 5 的孔配合精度、固定板 5 的孔与外圆同轴度、固定板 5 外圆与落料凹模 4 大孔配合精度、落料凹模 4 大孔和小孔的同轴度。为了保证同一零件两面的同轴度精度，就必须采用统一基准（一次装夹）加工两个面。为了提高两个相关零件的装配精度，可采用配合装配方法。

该模具零件的表面绝大部分是圆柱面，可采用车削和磨削进行加工。模具主要工作零件的加工工艺路线如下。

1）拉深凸模 6：车削→淬火→磨削达尺寸要求→研磨抛光工作表面。

2）拉深凸模固定板 5：一次装夹车削外圆与落料凹模 4 大孔配合为 H7/m6，车削内孔与拉深凸模 6 外圆配合为 M7/h6。

3）落料凹模 4：车削→淬火→一次装夹外圆磨削大、小两孔达尺寸。

4）凸凹模 10：车削→淬火→一次装夹外部非工作表面，磨削外圆与落料凹模小孔配合双面间隙小于 0.0246mm，磨削内孔达尺寸要求→研磨内孔工作表面和圆角。

5）凸凹模 11 固定板：车削外圆、车削内孔与凸凹模外圆配合为 M7/h6。

2. 制定模具装配方案

落料—拉深复合模如图 4-1 所示，由于落料凹模 4 与拉深凸模 6 的相对位置已由它们的装配关系所固定，所以不用依靠凸凹模 10 为装配基准来定位和调节间隙，从而装配落料凹模和拉深凸模。为了装配和调整凸凹模方便，故采用先安装下模，后安装上模的顺序方案，具体如下：

用螺钉将拉深凸模组件 6-5 安装在下模座上→将落料凹模 4 套在组件 6-5 外圆上，然后在凹模 4 和下模座配作安装螺钉和定位销→以下模的凹模 4 小孔对凸凹模组件

10-11 定位和导柱导向,将上模座 14、垫板 12、固定板 11 配作安装螺钉连接→用螺钉将上模三板 14、12、11 连接稍紧,用透光法调整落料凹模与凸凹模周边间隙均匀→拧紧上模三板,配钻、铰定位销孔,压入定位销。

三思而后行

1. 本套模的凸模和凹模的工作表面是什么面?这些工作面在淬火前后各用什么方法加工?淬火后只可以用什么方法加工?

2. 在加工中,如何保证凸凹模中的落料凸模外圆与拉深凹模孔的同轴度?又如何保证装配后落料凹模孔与拉深凸模的同轴度?

二、编写落料—拉深复合模主要零件的加工工艺卡

表 4-1~表 4-7 是图 4-1 所示落料—拉深复合模主要零件的加工工艺过程,其中工序图中√所指的面为本工序加工面,各工序加工余量可查附表 1 得到。

图 4-2 所示落料凹模的加工工艺卡见表 4-1。

表 4-1 落料凹模加工工艺卡

序号	工序名称	工序内容	设备	工序简图
1	下料	锯棒料 ϕ106mm×62mm,两端和直径都留单面车削余量 3mm	锯床	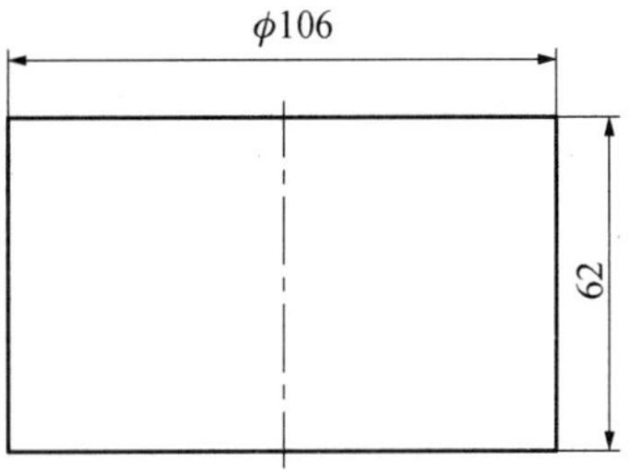 ϕ106 62
2	车外圆及内孔	1)夹一头,车部分外圆及一端面 2)掉头夹持已车削的外圆,车削余下外圆和另一端面。车削两内孔,径向留有单面磨削余量 0.2mm,端面留有单面磨削余量 0.3mm	普通卧式车床	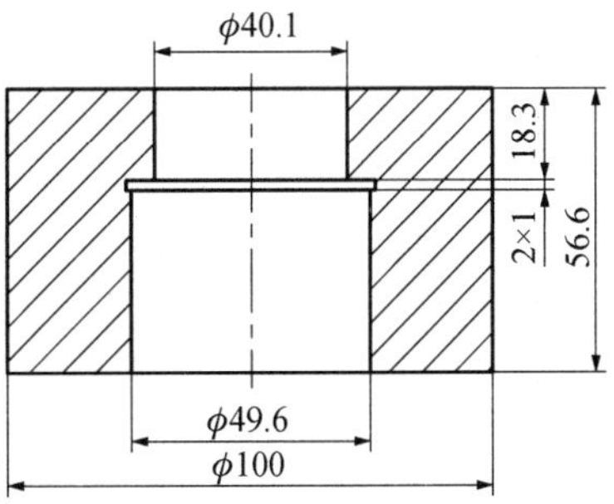 ϕ40.1 18.3 2×1 56.6 ϕ49.6 ϕ100

序号	工序名称	工序内容	设备	工序简图
3	将凹模安装在下模座	1) 在凹模上画出 3 个螺孔和 3 个销的轴线, 钻、铰 $\phi4H7$ 挡料销孔 2) 将凹模放在下模座找正并一起夹紧, 配钻 3 个 $\phi5.2mm$ 螺孔底孔 3) 拆开后, 在凹模攻 3 个 M6 螺孔, 在下模座扩 3 个 $\phi6.5mm$ 通孔及 3 个 $\phi10mm$、深 6mm 沉头孔 4) 用螺钉将凹模与下模座连紧, 配钻 3 个 $\phi5.8mm$ 销孔, 然后配铰 3 个 $\phi6mm$ 销孔	钻床	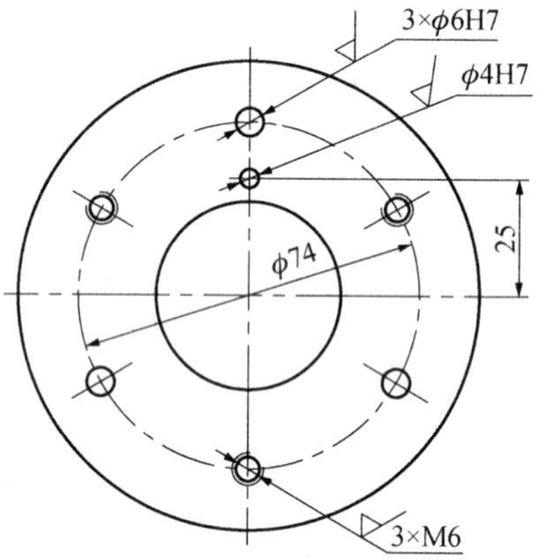
4	热处理	淬火、回火, 使硬度达 HRC60~63		
5	磨内圆	同一次夹紧外圆, 如右图所示, 磨大、小两圆孔达尺寸, 保证两孔同轴度达要求	万能外圆磨床	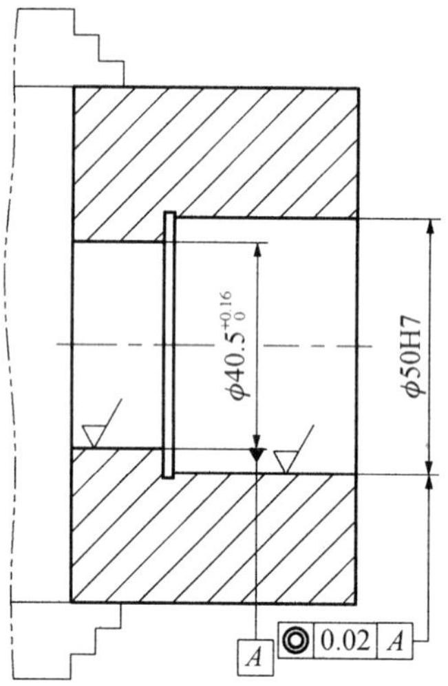
6	磨上下两端面	磨两端面达尺寸	平面磨床	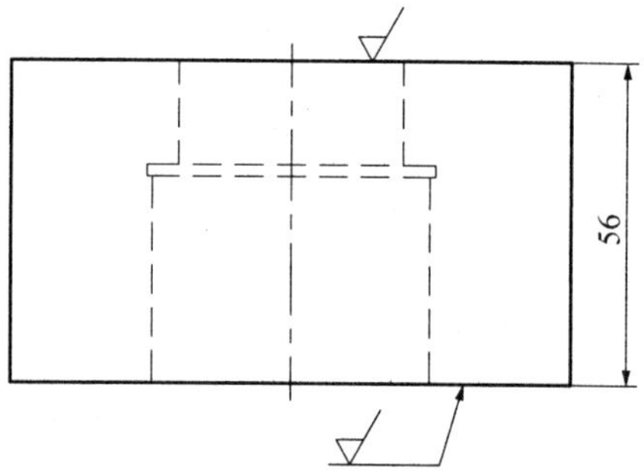

图 4-4 所示拉深凸模的加工工艺卡见表 4-2。

表 4-2　拉深凸模加工工艺卡

序号	工序名称	工序内容	设备	工序简图
1	下料	锯棒料 ϕ29mm×75mm，长度和直径都留单面车削余量 2.5mm，夹头留 14mm	锯床	
2	车外圆及钻中心通气孔	1）车平夹头的端面，车夹头和凸模凸肩外圆直径至 ϕ23.6mm 2）掉头夹持夹头，如右图所示，车外圆至 ϕ19.5mm，留单面磨削余量 0.15mm，车凸模端面，车退刀槽 2mm×1mm，钻轴向通气孔 ϕ4mm 3）在夹头和凸模凸肩间切槽，保留 ϕ5mm×3mm 的连接圆柱及夹头长为 11mm	普通卧式车床	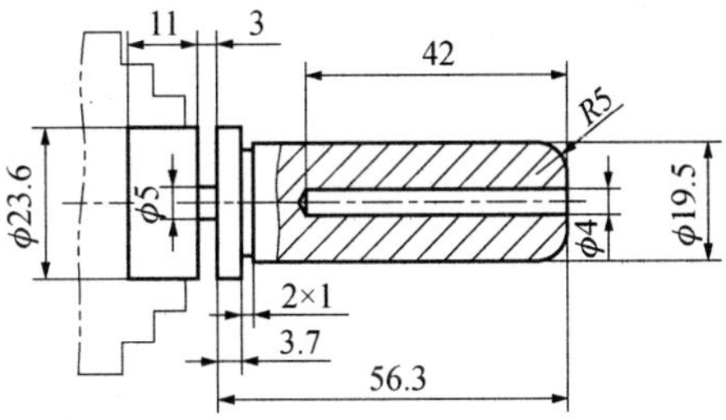
3	钳工钻孔	钻横向通气孔 ϕ4mm	钻床	
4	热处理	淬火、回火，使硬度达 HRC58～62		
5	磨外圆及端面	按右图方法夹持夹头，磨削凸模外圆达 $\phi19.2_{-0.13}^{0}$ mm，磨削右端面长度达 56.5mm	万能外圆磨床	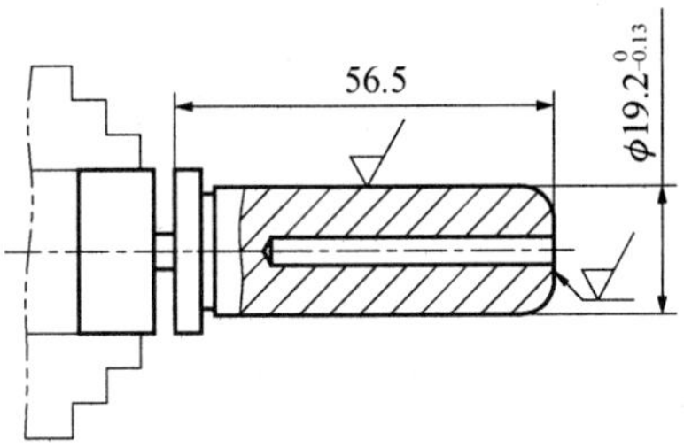
6	钳工研磨	研磨圆弧及凸模外圆，表面粗糙度值 Ra0.4μm		

图 4-3 所示拉深凸模固定板的加工工艺卡见表 4-3。

表 4-3　拉深凸模固定板加工工艺卡

序号	工序名称	工序内容	设备	工序简图
1	下料	锯棒料 ϕ55mm×29mm，长度和直径都留单面车削余量 2.5mm，夹头留 14mm	锯床	（图：ϕ55，29）
2	车外圆和孔	1）车削夹头一端约 ϕ52mm×13mm 2）掉头夹持已车好夹头外圆，如右图所示，车削外圆与内孔，ϕ50mm 外圆按落料凹模大孔实际尺寸配作，ϕ19.2mm 内孔按拉深凸模实际尺寸配作，保证它们的过渡或小量过盈配合的要求，扩 ϕ24mm×3mm 孔 3）切断夹头与零件，使零件高为 10mm	普通卧式车床	（图：13，10，ϕ19.2M7，ϕ24，ϕ50m6，3）

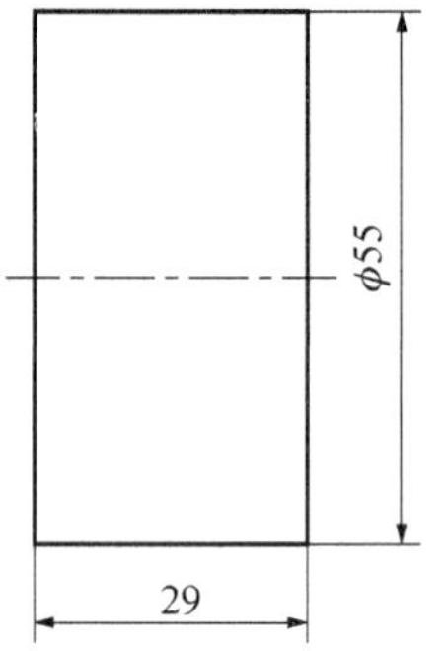

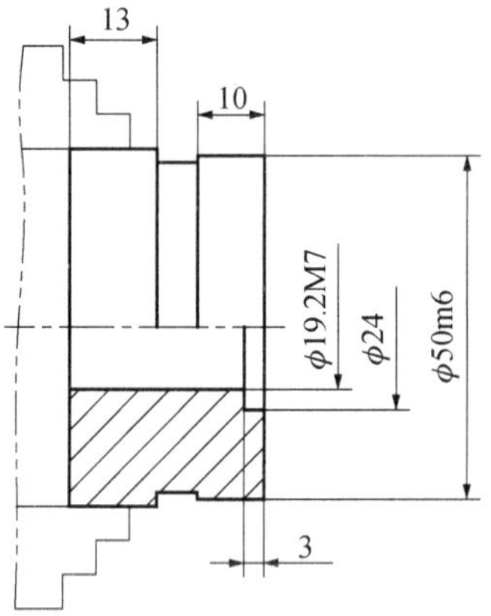

图 4-5 所示凸凹模的加工工艺卡见表 4-4。

表 4-4　凸凹模加工工艺卡

序号	工序名称	工序内容	设备	工序简图
1	下料	锯棒料 ϕ51mm×64mm，长度和径向留单面车削余量 2.5mm，夹头留 14mm	锯床	（图：64，ϕ51）

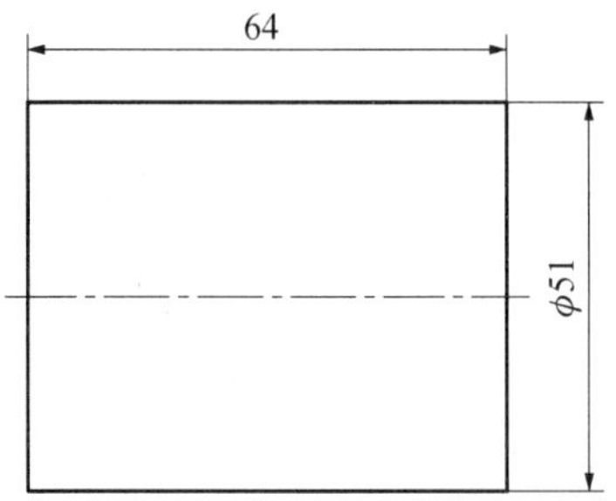

续表

序号	工序名称	工序内容	设备	工序简图
2	车外圆及内孔	1）车夹头和凸肩外圆至尺寸ϕ46mm 2）掉头夹持夹头，如右图所示，车端面，车外圆至尺寸ϕ40.9mm，留单面磨削余量0.2mm，车削内孔至尺寸ϕ23.3mm，留单面磨削余量0.15mm 3）车凹模圆角R4mm，车退刀槽2mm×1mm，车夹头连接槽ϕ25mm×3mm	普通卧式车床	
3	热处理	淬火、回火，使硬度达HRC58～62		
4	磨内外圆	1）如右图所示，一次夹持夹头磨内外圆，磨削内孔达尺寸$\phi 23.6_0^{+0.13}$mm，磨削ϕ40.5mm外圆，按落料凹模实际尺寸配作，保证两者双面间隙为Z_{min}=0.0246mm的配合要求 2）磨削右端面和磨圆角R4mm	万能外圆磨床	
5	钳工研磨	研磨拉伸凹模型孔、凹模圆角、端面的表面粗糙度达Ra0.4μm		

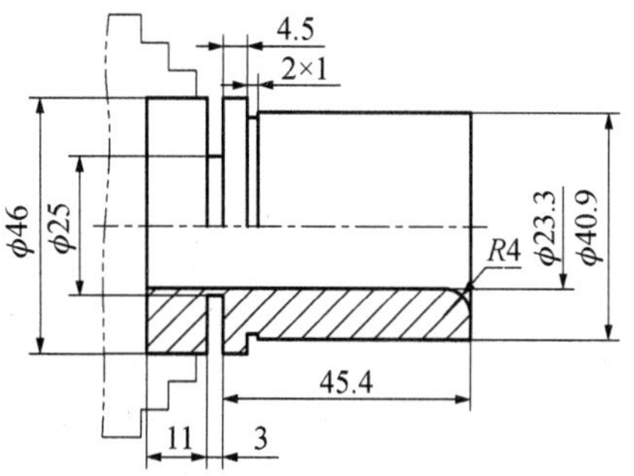

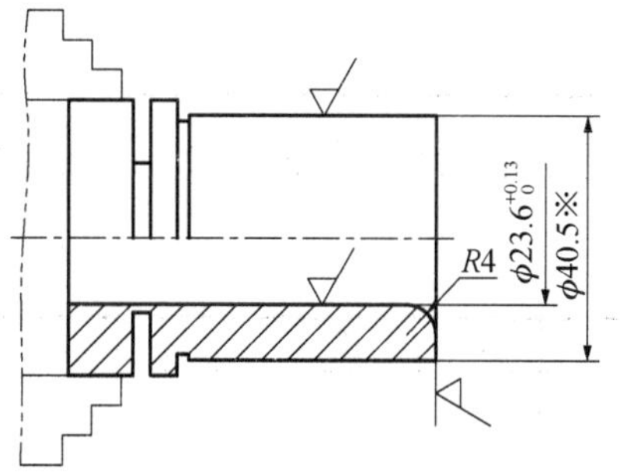

图4-6所示凸凹模固定板的加工工艺卡见表4-5。

表 4-5　凸凹模固定板加工工艺卡

序号	工序名称	工序内容	设备	工序简图
1	下料	锯棒料ϕ105mm×27mm，长度和径向留单面车削余量2.5mm，夹头留10mm	锯床	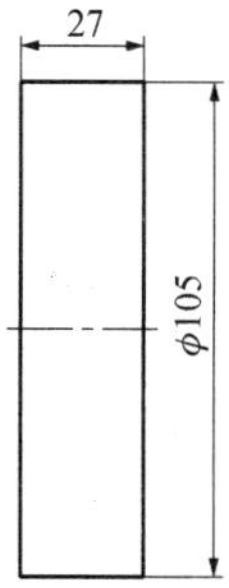

续表

序号	工序名称	工序内容	设备	工序简图
2	车外圆及内孔	1）如右图所示，车削一端面，车外圆和两内孔，其中 $\phi40.5$mmM7 内孔按凹凸模外圆实际尺寸配作，保证它们的过渡或过盈配合要求 2）掉头夹持，切除夹头，车平切口，并使高度为 12mm	普通卧式车床	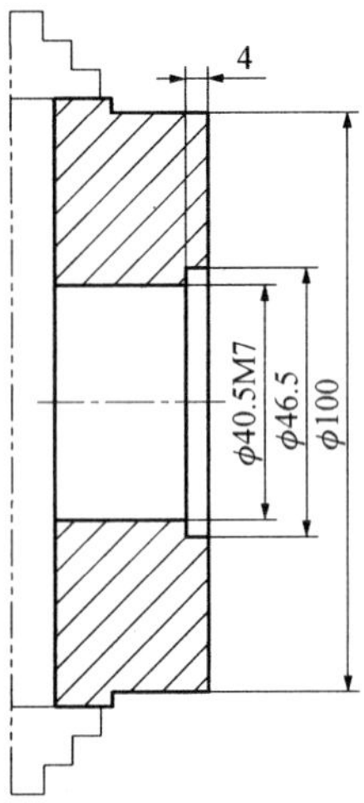

图 4-7 所示卸料板的加工工艺卡见表 4-6。

表 4-6　卸料板加工工艺卡

序号	工序名称	工序内容	设备	工序简图
1	下料	锯棒料 $\phi105$mm×25mm，长度和径向留单面车削余量 2.5mm，夹头留 10mm		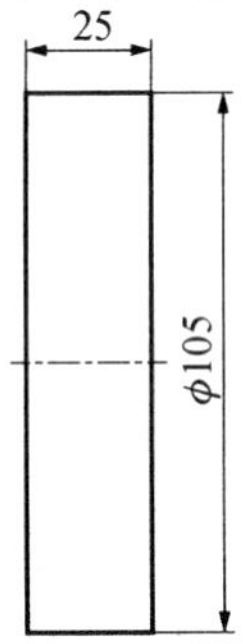
2	车内外圆	1）夹持夹头，车端面，车内外圆至 $\phi41.5$mm 和 $\phi100$mm 2）掉头夹紧，切除夹头，车另一端面，使高度为 10mm	普通卧式车床	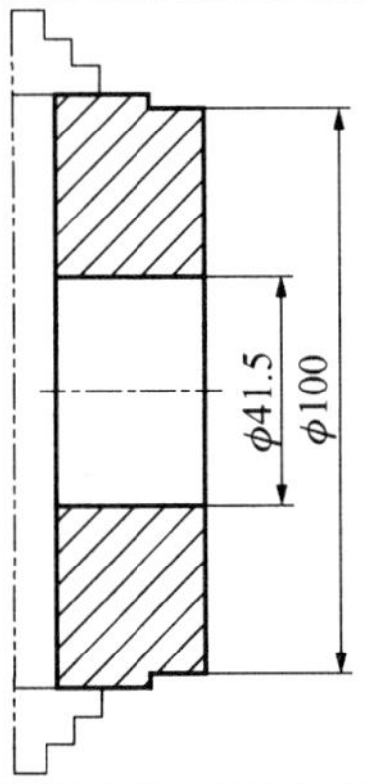

续表

序号	工序名称	工序内容	设备	工序简图
3	铣导尺槽	铣导尺槽至尺寸 $44.6_0^{+0.2}$ mm 及圆弧 R10mm，然后铣前通槽30mm	立铣床	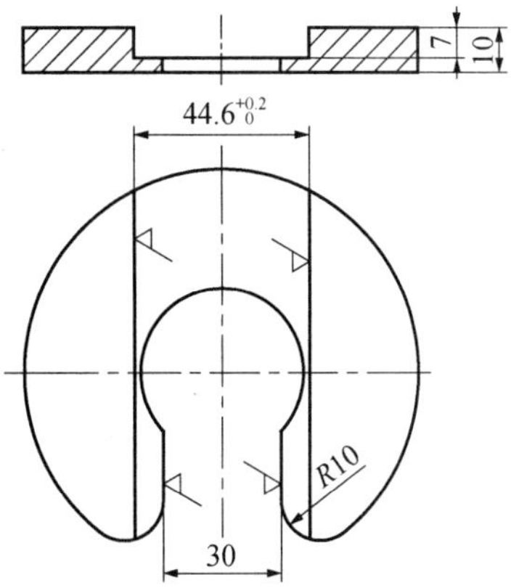

图 4-8 所示压边圈的加工工艺卡见表 4-7。

表 4-7　压边圈加工工艺卡

序号	工序名称	工序内容	设备	工序简图
1	下料	锯棒料 ϕ55mm×32mm，长度和径向留单面车削余量2.5mm		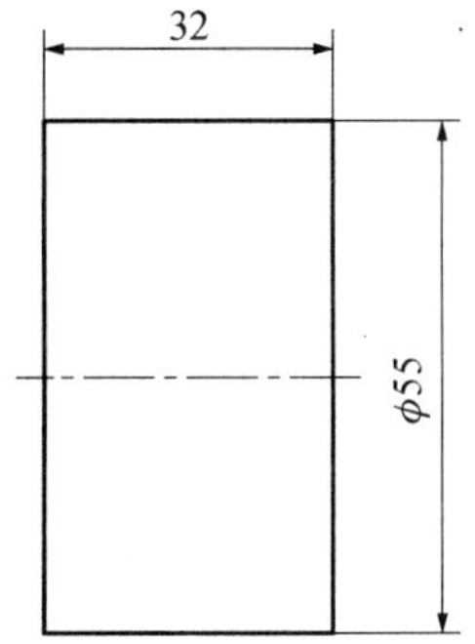
2	车内外圆	1）夹持一头，车外圆至尺寸 ϕ49.5mm，车平一端面 2）掉头夹持另一头，如右图所示，车外圆至尺寸 ϕ40.2mm，车削右端面使总长达 27.1mm，车削凸肩使小外圆长达 18.8mm，留单面轴向磨削余量 0.3mm，车削内孔达尺寸 ϕ19.5mm	普通卧式车床	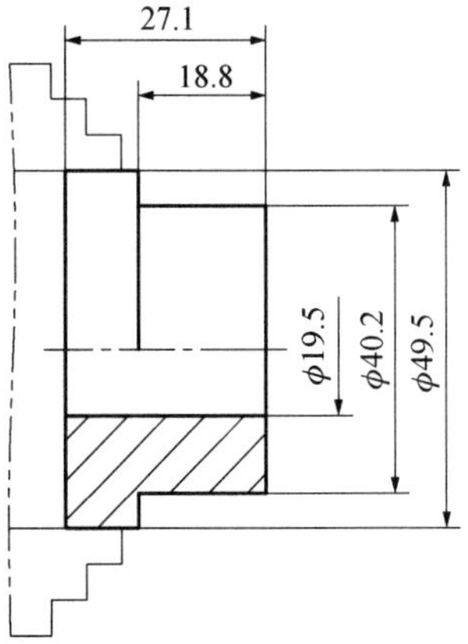

序号	工序名称	工序内容	设备	工序简图
3	热处理	淬火、回火,使硬度达HRC43～48		
4	磨削平面	磨削两端面,使总长达26.5mm,小外圆长达18.5mm	平面磨床	
5	研抛	研抛上端面的表面粗糙度值 Ra0.4μm,下端面的表面粗糙度值 Ra0.8μm,内、外圆的表面粗糙度值 Ra3.2μm		

三、制定落料—拉深复合模的装配工艺过程

图 4-1 所示落料—拉深复合模的装配过程如下:

1. 部件组装

步骤1 将卸料板 9 安装在凹模 4 上。如图 4-9 所示,将落料凹模倒放在卸料板的下底面,以两者中心孔对准后夹紧,用 ϕ5.2mm 钻头通过凹模的 2 个螺孔在卸料板引钻出锥窝,用 ϕ6mm 钻头通过凹模的 2 定位销孔,在卸料板引钻出锥窝。拆开后,在螺孔锥窝处钻 ϕ6.5mm 的孔并扩沉孔 ϕ10.5mm×6mm,在定位销孔锥窝处钻 ϕ5.8mm 孔,并铰 ϕ6mm 孔。

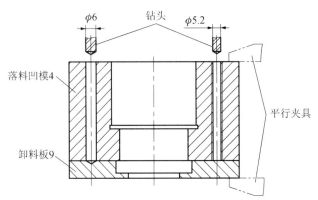

图 4-9　用钻头通过凹模螺孔或定位销孔在卸料板引钻锥窝

步骤2 将凸凹模 10 安装进凸凹模固定板 11 内。把凸凹模的工艺夹头切除,然后将凸凹模垂直压入凸凹模固定板的孔内,如图 4-10 所示,将它们上面一起磨平。

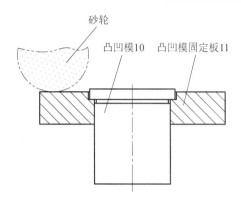

图 4-10　将凸凹模压入固定板后一起磨平上平面

步骤 3　将拉深凸模 6 装入拉深凸模固定板 5 内（方法与上述相同）。

2. 下模装配

步骤 1　根据凹模 4 在下模座 1 位置，在下模座 1 的底面找出模具中心位置并划出 3 个顶杆孔和 3 个拉深凸模固定板的固定螺孔中心位置。

步骤 2　将已组装好的拉深凸模组件压入落料凹模 4 的大孔内，用螺钉和定位销将落料凹模安装在下模座上（注：在凹模加工时已加工好螺孔和定位销孔）。通过套筒，用平行夹具将凸模固定板压紧在下模座，如图 4-11 所示，在下模座和凸模固定板中配钻 3 个 ϕ6.3mm 的顶杆孔和 3 个 ϕ5.2mm 螺纹底孔。拆开后，在下模座底面的中心位置

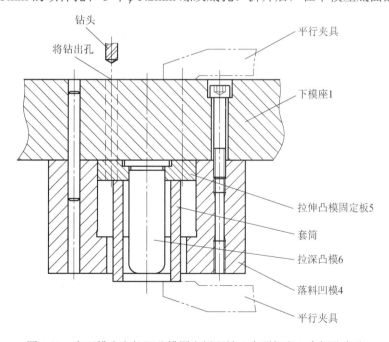

图 4-11　在下模座和拉深凸模固定板配钻 3 个顶杆和 3 个螺孔底孔

钻、攻弹性顶件装置的安装螺孔，并在下模座扩 3 个 ϕ6.3mm 通孔，扩 3 个 ϕ10.5mm×7mm 沉孔，在固定板攻 3 个 M6 螺孔。

步骤 3　把压边圈 7 放进凹模内，用螺钉和定位销将落料凹模和拉深凸模安装在下模座。下模装配完成。

3．上模装配

步骤 1　如图 4-12 所示，把组装的凸凹模组件 10-11 插入下模座的落料凹模 4 的型孔 3～5mm 深，在凹模 4 上面和凸凹模固定板 11 之间放置等高垫块，再在固定板上面放置垫板 12，通过导柱导向，放置上模座 14 在垫板上，对齐后用平行夹具夹紧。

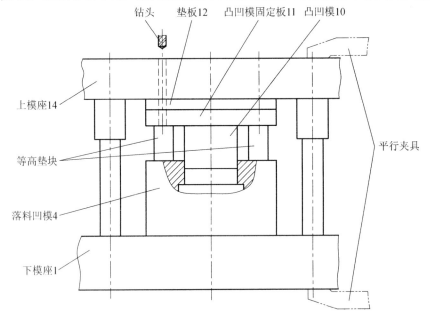

图 4-12　把凸凹模插入下模的落料凹模型孔定位后，在上模配钻螺孔

步骤 2　将上结构侧放置在平台，用高度游标划线尺在上模座上平面找出模具中心，然后划出模柄孔中心位置、螺钉孔中心孔位置和定位销孔中心位置。

步骤 3　如图 4-12 所示，在上模座、垫板、固定板配钻 ϕ5.2mm 螺纹底孔。

步骤 4　拆开后在上模座钻 3 个 ϕ6.5mm 并扩 3 个 ϕ10.5mm、深 6mm 沉孔，车削模柄孔，将模柄装入后一起磨平下底面。在垫板扩 3 个 ϕ6.5mm 螺孔通孔。在凸凹模固定板攻 3 个 M6mm 螺孔。

步骤 5　把凸凹模重新插入下模的落料凹模型孔，在凸凹模固定板上面放置垫板和上模座，用螺钉将它们连接稍紧，利用透光法把凸凹模外圆与落料凹模型孔周边间隙调整均匀后，上紧连接螺钉，在上模座、垫板、凸凹模固定板配钻、铰 3 个 ϕ6mm 定位销孔，在上模打入定位销。

步骤 6　用螺钉、定位销将卸料板安装在下模的落料凹模上，把挡料销压入凹模。

在下模座底部插入顶杆 2 后，安装弹性顶件装置。模具总装完成。

4. 试模

将总装的模具安装在压力机上，在卸料板下送进 08 号钢条料，开动压力机试冲出筒形件，对照图 4-1 右上部拉深件图，检查是否达到要求。

试模时，如果出现某些缺陷或故障，可根据观察到的异常现象在表 4-9 中查出其产生的原因和修改方法，对模具进行整改。

做后再思量

1. 在本项目中采用夹持工艺夹头连续磨削凸凹模的落料凸模外圆和拉深凹模孔来保证它们的同轴精度。想一想，能否不设置工艺夹头，而在磨削加工时直接夹持凸凹模非工作部分外圆，连续磨削其落料凸模工作部分外圆和拉深凹模孔？这样一来却无法保证凸凹模的工作部分和非工作部分的外圆尺寸一致。有没有影响到模具装配质量？比较两种加工工艺优缺点。（提示：后一种工艺，在磨削时，由于凸凹模有凸肩，所以要增加垫片才能夹持工件。）

2. 本实施是通过加工时提高落料凹模两孔的同轴度和拉深凸模固定板的外圆与固定孔的同轴度，以及拉深凸模固定板的外圆与落料凹模大孔的过渡配合和拉深凸模外圆与固定板孔的过渡配合，来保证落料凹模型孔与拉深凸模的同轴度要求。而图 4-13 却是在装配下模时采用工艺套筒定位方法来达到落料凹模型孔与拉深凸模的同轴度要求，即是在落料凹模型孔和拉深凸模之间插入工艺套筒定位后，将落料凹模、拉深凸模固定板、下模座齐夹紧后，先后配钻螺孔底孔和定位销孔底孔。想一想，工艺套筒上部的外圆与落料凹模孔之间和其内孔与拉深凸模外圆之间有什么配合精度要求？是否可采用压边圈的模具零件代替工艺套筒作为定位件后配钻螺孔底孔和定位销孔底孔？为什么？

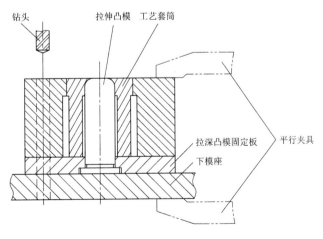

图 4-13　用工艺套筒对下模定位后，配钻螺孔底孔和定位销底孔

考核评价

完成制造和安装任务后，请按表4-8进行考核评价，总评成绩分为5个等级，即优、良、中、及格和不及格。

表4-8　制造落料—拉深复合模的考核评价表

评价项目	评价内容标准	配分	评价结果		
			自评	组评	教师评
零件加工和模具装配方案的合理性	1）机加工和模具装配方案合理，能保证模具质量，并能结合实习车间的设备实际	20			
	2）工艺方案具有良好的经济效益和可操作性	5			
	3）工艺方案条理清楚，工序尺寸标注完整、合理	5			
模具制造质量（通过检测该模具冲出的制件得出）	1）拉深件横断面直径的尺寸精度高于或等于IT13	25			
	2）拉深件顶端起皱不平的修边余量高度小于1.5mm	15			
完成制造任务的速度和工作态度	1）按时完成机加工和装配任务	10			
	2）机床操作和装配的熟练程度	10			
	3）具有交流、协作精神好	5			
	4）遵守车间安全操作规程	5			
综合评价	评语（优缺点与改进措施）：	合计			
		总评成绩（等级）			

知识链接

一、保证模具零件两工作面的同轴度的措施和方法

复合模要在同一位置上同时完成两个或两个以上的冲压工序，因此，要保证冲压件各工序中各冲压面的位置精度，就必须采取措施保证各冲压工序中凸模和凹模的工作表面的位置精度。以图 4-1 所示的落料—拉深复合模为例，就必须保证上模的凸凹模 10 的冲裁毛坯的凸模外圆与拉深凹模内孔的同轴度，同时，还必须保证下模的冲裁毛坯的落料凹模 4 型孔与拉深凸模 6 的外圆的同轴度，否则，拉深出来的制件就会偏心，甚至会成为废品。下面介绍保证模具零件两个工作面的同轴度的方法。

1. 方法一

在统一定位基准下加工同一轴类零件多个表面，可以保证这几个表面的同轴度，即

在一次装夹定位中加工零件多个表面，这既可避免因定位基准变换而引起定位误差，也可保证各个被加工面的位置精度，又有利于提高生产率。

如图 4-2 中的落料凹模，可以夹紧外圆，同时磨削大、小两孔来保证同轴度；也可以夹紧图 4-5 的凸凹模上端外圆（非工作部分），同时磨削落料凸模下端（工作部分）和拉深凹模孔来保证其同轴度。

对于全部要同时加工而没有可夹紧定位面的零件，可以在车削时留有一个长 10mm 的工艺夹头作为夹紧定位，如图 4-14 所示。同时磨削（车削）大、小两圆柱面，待将凸模全部加工完成后，用锤子将夹头敲去再磨平凸模大端面。

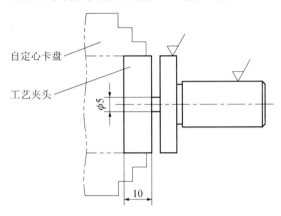

图 4-14　用自定心卡盘夹紧工艺夹头，同时加工大、小圆柱面

2．方法二

对于不同零件的多个面，应在结构设计和装配配合上采取措施，以保证它们的同轴度。例如，要保证图 4-1 的落料凹模型孔（小孔）与拉深凸模（小圆柱）的同轴度，就必须采用上述统一基准的方法来加工落料凹模的大小孔、拉深凸模固定板的外圆与内孔，然后利用拉深凸模固定板大圆柱与落料凹模大孔的过渡配合和拉深凸模与拉深凸模固定板中心孔的过渡配合来间接保证落料凹模型孔与拉深凸模的同轴度。

二、落料—拉深复合模试冲时的常见缺陷、产生原因和修改方法

具体见表 4-9。

表 4-9　落料—拉深复合模试冲时的常见缺陷、产生原因和修改方法

试冲时的常见缺陷	产生原因	修改方法
制件筒壁高度相差很大，甚至一部分还残留部分凸缘裙边	1）落料凸、凹模之间间隙过大或周边间隙不均，致使刚冲裁时毛坯部分材料未冲断，而导致毛坯偏移 2）落料模与拉深模的同轴度误差太大，致使拉深时，毛坯中心偏离拉深模中心	1）减少落料凸、凹模之间间隙或调整它们周边间隙均匀 2）重新加工凸凹模，提高其同轴度精度，重新装配落料凹模和拉深凸模

试冲时的常见缺陷	产生原因	修改方法
制件壁厚和高度不均	1）拉深凸、凹模之间间隙不均匀，致使间隙较小的部分材料被挤压而变薄且伸长 2）拉深凸模不垂直，致使拉深凸模与凹模间隙不均 3）压边力不均，致使拉深时毛坯向压料较大一方偏移	1）重装拉深凸模，使它与拉深凹模周边间隙均匀 2）重新安装拉深凸模 3）调整模具底部螺栓和弹簧，使压边力均匀
制件高度不够	1）毛坯尺寸过小 2）拉深凸、凹模之间间隙过大，致使制件筒壁变厚而高度缩短 3）凸模圆角半径过小，致使制件圆角占去材料过多	1）改大落料凸、凹模的直径尺寸 2）改小拉深凸、凹模之间间隙 3）改大凸模圆角半径
制件高度过长	1）毛坯尺寸太大 2）拉深凸、凹模之间间隙过小，致使拉深时毛坯被挤压变薄伸长 3）凸模圆角半径过大，致使制件圆角占去材料过小	1）改小落料凸、凹模的直径尺寸 2）改大拉深凸、凹模之间间隙 3）改小凸模圆角半径
制件起皱	1）压边力太小或不均匀，致使拉深时，材料失稳而拱起 2）拉深凸、凹模之间间隙过大，留有拉深时拱起的空间 3）拉深凹模圆角半径过大	1）增加弹簧或调整模具底部弹簧和螺栓，使压边力增大而且均匀 2）改小拉深凸、凹模之间间隙 3）改小拉深凹模圆角半径
制件表面有擦伤拉毛现象	1）拉深凸、凹模之间间隙过小或不均匀，致使模具对材料过大挤压而擦伤 2）拉深凹模圆角太粗糙，致使毛坯面在滑过其表面而被擦伤 3）模具或板料黏附有杂质微粒	1）改大拉深凸、凹模之间间隙或调整它们之间间隙均匀 2）抛光拉深凹模圆角 3）清洁模具和板料
制件凸模圆角处有破裂或裂纹	1）压边力过大，致使制件凸模圆角的材料拉应力过大 2）凸模圆角半径和凹模圆角半径过小，致使拉伸变形程度过大 3）拉深凸、凹模之间间隙过小，致使制件筒壁超薄 4）凹模圆角表面太粗糙或润滑不足，致使制件筒壁拉应力过大	1）减少压边力 2）调整增大凸模圆角半径或凹模圆角半径 3）稍增大拉深凸、凹模之间间隙 4）重新抛光凹模圆角后涂上润滑油
拉深完毕后，制件部分套在下拉深凸模未能完全脱出	1）压边圈上端面在复位后仍低于拉深凸模上端面，致使无法将制件推离下模 2）拉深凸模无通气孔，致使需要顶出力增大	1）修改压边圈结构尺寸，使其上端面复位后高于拉深凸模上端面 2）在拉深凸模钻出通气孔
拉深完毕后，制件仍卡在上模凸凹模孔内	1）上模升起后，打料块下端面仍高于凸凹模下端面 2）压力机的横杆向下推出行程不足	1）拧转打杆的螺母，使打料块下端面伸出凸、凹模下端面 1～2mm 2）拧转压力机滑块上的限位螺杆，使横杆下调后有足够的行程

附　录　一

下面是模具制造实训实施工作步骤，供实训指导教师参考。

1. 分组

将全班同学分为若干制造小组，每小组 3～5 人，每组选出一名组长。

2. 识读模具图，对模具制造进行工艺分析

首先由指导教师布置制造任务，各小组同学一起识读模具装配图和模具零件图，并对该模具的结构特点和其主要零件的功能、装配关系和技术要求进行分析，找出影响冲制件的质量的关键技术要求，从而确定模具主要零件的加工精度和技术条件。

3. 制定工艺方案

在工艺分析基础上，全组同学结合实习车间的设备条件，讨论并制定各主要模具零件加工工艺过程和模具装配工艺方案。

4. 展示工艺方案

各组派代表展示并讲解本组所编制的该模具的主要零件的加工方案和主要模具总装的工艺方案，并对其他小组所编制的制造方案进行评议。注：只要加工方案合理，应允许各小组采用不同的制造方案进行制造。

5. 编制工艺方案

学生既可参考最佳制造方案，也可参考本书提供的制造方案，独立编制模具的主要零件的加工方案和模具总装的方案，留作评定个人成绩的依据。

6. 实际加工

在实训指导教师的指导下，各小组按制定的制造方案操作机床，加工模具的主要零件，然后把加工出来的零件和购置的零件装配成合格的模具。

7. 试冲

把模具安装在压力机上试冲出制件，检查制件是否合乎图样的要求。模具在试冲过程中可能出现故障，可根据出现故障现象，找出其产生原因，并进行修改。

附 录 二

附表 1 中等尺寸模具零件加工工序余量

本工序→下工序		本工序表面粗糙度 Ra / μm	本工序单面余量/mm			说明
锯	锻		型材尺寸<250 时取 2～4，>250 时取 3～6			锯床下料端面上余量
	车		中心孔加工时，长度上的余量 3～5			
			夹头长度>70 时取 80～10，<70 时取 6～8			工艺夹头量
钳工	插、铣		排孔与线边距 0.3～0.5，孔距 0.1～0.3			主要用于排孔挖料
铣	插		5～10			主要对型孔、窄槽的清角加工
刨	铣	6.3	0.5～1			加工面垂直度、平行度取 1/3 本工序余量
铣、插	精铣仿刨	6.3	0.5～1			加工面垂直度、平行度取 1/3 本工序余量
钻	镗孔	6.3	1～2			孔径大于 30mm 时，余量酌增
	铰孔	3.2	0.05～0.1			小于 14mm 的孔

本工序→下工序		本工序表面粗糙度 Ra / μm	工件直径	工件长度			说明
				～30	>30	>60	
车	磨外圆	3.2	3～30	0.1～0.12	0.12～0.17	0.17～0.22	加工表面的垂直度和平行度允许取 1/3 本工序余量
			30～60	0.12～0.17	0.17～0.22	0.22～0.28	
			60～120	0.17～0.22	0.22～0.28	0.28～0.33	

本工序→下工序		本工序表面粗糙度 Ra / μm	工件孔深	工件孔径			说明
				～4	4～10	10～50	
车	磨孔	1.6	3～15	0.02～0.05	0.05～0.08	0.08～0.13	
			15～30	0.05～0.08	0.08～0.12	0.12～0.18	

本工序→下工序		本工序表面粗糙度 Ra / μm	本工序单面余量/mm	说明
刨铣	磨	3.2	平面尺寸<250 时取 0.3～0.5，平面尺寸>250 时取 0.4～0.6，外形取 0.2～0.3，内形取 0.1～0.2	加工表面的垂直度和平行度允许取 1/3 本工序余量
仿刨插			0.15～0.25	
			0.1～0.2	
精铣插		1.6	0.1～0.15	加工表面要求垂直度和平行度
		3.2	0.1～0.2	
仿刨	钳工挫修打光	3.2	0.015～0.025	要求上下锥度<0.03
仿形铣		3.2	0.05～0.15	仿形刀痕与理论型面的最小余量

续表

本工序→下工序		本工序表面粗糙度 Ra / μm	本工序单面余量/mm	说明
精铣钳修	研抛	1.6	<0.05	加工表面要求保持工件的形状精度、尺寸精度和表面粗糙度
		1.6	0.01～0.02	
车镗磨		0.8	0.005～0.01	
电火花加工	研抛	1.6～3.2	0.01～0.03	用于型腔表面加工等
线切割	研抛	1.6～3.2	<0.01	凹、凸模,导向卸料板,固定板
		0.4	0.02～0.03	型腔、型芯、镶块等
平磨	研抛	0.4	0.15～0.25	可用于准备电火花线切割、成形磨削和铣削等的划线坯料

附表2　外圆表面加工方案

序号	加工方案	公差等级	表面粗糙度值 Ra / μm	适用范围
1	粗车	IT11 以下	12.5～50	适用于淬火钢以外的各种金属
2	粗车→半精车	IT9～IT10	3.2～6.3	
3	粗车→半精车→精车	IT9～IT10	0.8～1.6	
4	粗车→半精车→精车→滚压（或抛光）	IT8～IT10	0.025～0.2	
5	粗车→半精车→磨削	IT7～IT8	0.4～0.8	主要用于淬火钢,也可以用于未淬火钢。但不宜加工非铁金属
6	粗车→半精车→粗磨→精磨	IT6～IT7	0.1～0.8	
7	粗车→半精车→粗磨→精磨→超精加工（或轮式超精磨）	IT5	<0.1	
8	粗车→半精车→精车→金刚石车	IT6～IT7	0.025～0.4	主要用于非铁金属加工
9	粗车→半精车→粗磨→精磨→超精磨或镜面磨	IT5 以上	<0.025	极高精度的外面加工

附表3　孔加工方案

序号	加工方案	公差等级	表面粗糙度值 Ra / μm	适用范围
1	钻削	IT11～IT12	12.5	加工未淬火钢及铸铁,也可以用于加工非铁金属
2	钻削→铰削	IT9	1.6～3.2	
3	钻削→铰削→精铰	IT7～IT8	0.8～1.6	

序号	加工方案	公差等级	表面粗糙度值 Ra / μm	适用范围
4	钻削→扩孔	IT10～IT11	6.3～12.5	同上，孔径可小于15mm
5	钻削→扩孔→铰削	IT8～IT9	1.6～3.2	
6	钻削→扩孔→粗铰→精铰	IT7	0.8～1.6	
7	钻削→扩孔→机铰→手铰	IT6～IT7	0.1～0.4	
8	钻削→扩孔→拉削	IT7～IT9	0.1～1.6	大批大量生产（精度由拉刀的精度而定）
9	粗镗（或扩孔）	IT11～IT12	6.3～12.5	除淬火钢以外的各种材料，毛坯有铸出孔或锻出孔
10	粗镗（粗扩）→半精镗（精扩）	IT8～IT9	1.6～3.2	
11	粗镗（扩孔）→半精镗（精扩）→精镗（铰）	IT7～IT8	0.8～1.6	
12	粗镗（扩孔）→半精镗（精扩）→精镗→浮动镗刀精镗	IT6～IT7	0.4～0.8	
13	粗镗（扩孔）→半精镗磨孔	IT7～IT8	0.2～0.8	主要用于淬火钢，也可用于未淬火钢，但不宜用于有非铁金属
14	粗镗（扩孔）→半精镗→精镗→金刚镗	IT6～IT7	0.1～0.2	
15	粗镗→半精镗→精镗→金刚镗	IT6～IT7	0.05～0.4	主要用于精度高的非铁金属，用于精度要求很高的孔
16	钻削→（扩孔）→粗铰→精铰→珩磨钻→扩孔→拉削→珩磨粗镗→半精镗→精镗→珩磨	IT6～IT7	0.025～0.2	
17	以研磨代替上述方案中的珩磨	IT6以上	0.025～0.2	

附表4　平面加工方案

序号	加工方案	公差等级	表面粗糙度值 Ra / μm	适用范围
1	粗车→半精车	IT9	3.2～6.3	主要用于端面加工
2	粗车→半精车→精车	IT7～IT8	0.8～1.6	
3	粗车→半精车→磨削	IT8～IT9	0.2～0.8	
4	粗刨（或粗铣）→精刨（或精铣）	IT9	1.6～6.3	一般不淬火硬平面
5	粗刨（或粗铣）→精刨（或精铣）→刮研	IT6～IT7	0.1～0.8	精度要求较高的不淬火硬平面，批量较大时宜采用宽刃精刨
6	以宽刃刨削代替上述方案中的刮研	IT7	0.2～0.8	
7	粗刨（或粗铣）→精刨（或精铣）→磨削	IT7	0.2～0.8	精度要求高的淬火硬平面或未淬火硬平面
8	粗刨（或粗铣）→精刨（或精铣）→粗磨→精磨	IT6～IT7	0.02～0.4	
9	粗铣→拉削	IT7～IT9	0.2～0.8	大量生产，较小的平面（精度由拉刀精度而定）
10	粗铣→精铣→磨削→研磨	IT6以上	<0.1	高精度的平面

附表5　内六角圆柱头螺钉　　　　　　　　（单位：mm）

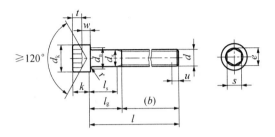

标记示例：

螺纹规格 d=M5，公称长度 l=20mm，性能等级为8.8级，表面氧化的 A 级内六角圆柱头螺钉；

标记为：螺钉　GB/T 70.1　M5×20

螺纹规格 d		M4	M5	M6	M8	M10	M12	M16	M20
螺距 P		0.7	0.8	1	1.25	1.5	1.75	2	2.5
b（参考）		20	22	24	28	32	36	44	52
d_k	max	7.00	8.50	10.00	13.00	16.00	18.00	24.00	30.00
	min	6.78	8.28	9.78	12.73	15.73	17.73	23.67	29.67
d_a	max	4.7	5.7	6.8	9.2	11.2	13.7	17.7	22.4
d_s	max	4.00	5.00	6.00	8.00	10.00	12.00	16.00	20.00
	min	3.82	4.82	5.82	7.78	9.78	11.73	15.73	19.67
e	min	3.44	4.58	5.72	6.86	9.15	11.43	16	19.44
螺纹		M4	M5	M6	M8	M10	M12	M16	M20
k	max	4.00	5.00	6.0	8.00	10.00	12.00	16.00	20.00
	min	3.82	4.82	5.7	7.64	9.64	11.57	15.57	19.48
r	min	0.2	0.2	0.25	0.4	0.4	0.6	0.6	0.8
s	公称	4	5	6	8	10	12	16	20
	max	3.071	1.084	5.084	6.095	8.115	10.115	14.142	17.23
	min	3.020	4.020	5.020	6.020	8.025	10.025	14.032	17.05
t	min	2	2.5	3	4	5	6	8	10
u	max	0.4	0.5	0.6	0.8	1	1.2	1.6	2
w	min	1.4	1.9	2.3	3.3	5	4.8	6.8	8.6

注：1）标准：GB/T 70.1—2008。

　　2）材料：35 钢。

附表6　内六角螺钉通过孔尺寸　　　　　　（单位：mm）

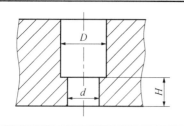

通过孔尺寸	螺钉						
	M6	M8	M10	M12	M16	M20	M24
d	7	9	11.5	13.5	17.5	21.5	25.5
D	11	13.5	16.5	19.5	25.5	31.5	37.5
H_{min}	3	4	5	6	8	10	12
H_{max}	25	35	45	55	75	85	95

螺钉与销的相关配合尺寸如下图所示。

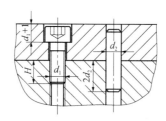

螺钉与销的相关配合尺寸

攻螺纹前钻孔直径为

当螺距 $t < 1mm$ 时

$$d_0 = d_M - t$$

当螺距 $t > 1mm$ 时

$$d_0 = d_M - (1.04 \sim 1.06)t$$

式中：d_0——钻孔直径（mm）；

d_M——螺纹标称直径（mm）。

参 考 文 献

邓明，2006．实用模具设计简明手册[M]．北京：机械工业出版社．
范乃连，2013．冷冲模具设计与制造[M]．北京：机械工业出版社．
姜大源，2007．职业教育学研究新论[M]．北京：教育科学出版社．
李云程，1998．模具制造工艺学[M]．北京：机械工业出版社．
柳燕君，2009．模具制造技术[M]．北京：机械工业出版社．
王嘉，2007．冷冲模设计与制造实例[M]．北京：机械工业出版社．
赵孟栋，1991．冷冲模设计[M]．北京：机械工业出版社．